"十四五"时期国家重点出版物出版专项规划项目

第二次青藏高原综合科学考察研究丛书

西风－季风协同作用下
藏东南地区的气候变异特征

李超凡　陆日宇　柳艳菊　等　著
张　贺　代华光　郭园晶

科学出版社

北　京

内 容 简 介

  本书是第二次青藏高原综合科学考察研究之西风 - 季风协同作用下藏东南地区的气候变异特征的研究成果总结。本书围绕藏东南地区近代气候变异的主要特征，系统地分析了藏东南地区基本气象要素自 1979 年以来的变化特征，揭示了该地区近代气候和相关极端事件变异的事实。全书共 7 章，包括藏东南地区气候变异和极端事件的主要研究背景；利用观测站点和再分析资料分析藏东南地区主要气候要素的变化特征和趋势、极端温度和降水事件特征与趋势；大尺度西风和季风环流及海温等系统与藏东南地区气候变化的联系；西藏地区主要极端天气事件的个例分析以及藏东南地区气候变化模拟与评估现状等。

  本书可供气候、水文、环境等专业的科研、教学等相关人员参考使用。

审图号：GS京（2024）1687号

图书在版编目（CIP）数据

西风-季风协同作用下藏东南地区的气候变异特征 / 李超凡等著. — 北京 : 科学出版社，2024. 10.（第二次青藏高原综合科学考察研究丛书）. —
ISBN 978-7-03-079642-4

Ⅰ . P467

中国国家版本馆CIP数据核字第202467NR16号

责任编辑：郭允允　谢婉蓉　赵　晶 / 责任校对：郝甜甜
责任印制：赵　博 / 封面设计：马晓敏

科 学 出 版 社 出版

北京东黄城根北街 16 号
邮政编码：100717
http://www.sciencep.com

北京建宏印刷有限公司印刷

科学出版社发行　各地新华书店经销

*

2024年10月第 一 版　开本：787×1092　1/16
2024年11月第二次印刷　印张：11
字数：261 000

定价：158.00元

（如有印装质量问题，我社负责调换）

"第二次青藏高原综合科学考察研究丛书"

指导委员会

刘丛强　中国科学院地球化学研究所

龚健雅　武汉大学

焦念志　厦门大学

赖远明　中国科学院西北生态环境资源研究院

胡春宏　中国水利水电科学研究院

郭正堂　中国科学院地质与地球物理研究所

王会军　南京信息工程大学

周成虎　中国科学院地理科学与资源研究所

吴立新　中国海洋大学

夏　军　武汉大学

陈大可　自然资源部第二海洋研究所

张人禾　复旦大学

杨经绥　南京大学

邵明安　中国科学院地理科学与资源研究所

侯增谦　国家自然科学基金委员会

吴丰昌　中国环境科学研究院

孙和平　中国科学院精密测量科学与技术创新研究院

于贵瑞　中国科学院地理科学与资源研究所

王　赤　中国科学院国家空间科学中心

肖文交　中国科学院新疆生态与地理研究所

朱永官　中国科学院城市环境研究所

"第二次青藏高原综合科学考察研究丛书"
编辑委员会

《西风－季风协同作用下藏东南地区的气候变异特征》编写委员会

第二次青藏高原综合科学考察队气候变化与西风－季风协同作用科考分队主要人员名单

姓名	职务	工作单位
陆日宇	分队长	中国科学院大气物理研究所
周天军	副分队长	中国科学院大气物理研究所
王东晓	副分队长	中山大学
黄　刚	队员	中国科学院大气物理研究所
张　贺	队员	中国科学院大气物理研究所
陈活泼	队员	中国科学院大气物理研究所
高志球	队员	中国科学院大气物理研究所
李超凡	队员	中国科学院大气物理研究所
庞　博	队员	中国科学院大气物理研究所
许　可	队员	中国科学院大气物理研究所
洪晓玮	队员	中国科学院大气物理研究所
屈　侠	队员	中国科学院大气物理研究所
胡开明	队员	中国科学院大气物理研究所
吴　波	队员	中国科学院大气物理研究所
陈晓龙	队员	中国科学院大气物理研究所
郭东林	队员	中国科学院大气物理研究所

祝亚丽	队员	中国科学院大气物理研究所
郭晓峰	队员	中国科学院大气物理研究所
王琳琳	队员	中国科学院大气物理研究所
吴成来	队员	中国科学院大气物理研究所
张 宇	队员	成都信息工程大学
范广州	队员	成都信息工程大学
华 维	队员	成都信息工程大学
杨泽粟	队员	成都信息工程大学
何 清	队员	中国气象局乌鲁木齐沙漠气象研究所
刘新春	队员	中国气象局乌鲁木齐沙漠气象研究所
霍 文	队员	中国气象局乌鲁木齐沙漠气象研究所
买买提艾力·买买提依明	队员	中国气象局乌鲁木齐沙漠气象研究所
王敏仲	队员	中国气象局乌鲁木齐沙漠气象研究所
杨兴华	队员	中国气象局乌鲁木齐沙漠气象研究所
张同文	队员	中国气象局乌鲁木齐沙漠气象研究所
吴志伟	队员	复旦大学
查鹏飞	队员	复旦大学
柳艳菊	队员	国家气候中心
李巧萍	队员	国家气候中心
汪 靖	队员	天津市气象台
余 晔	队员	中国科学院西北生态环境资源研究院
孟宪红	队员	中国科学院西北生态环境资源研究院
李江林	队员	中国科学院西北生态环境资源研究院
李照国	队员	中国科学院西北生态环境资源研究院

黄 科	队员	中国科学院南海海洋研究所
陈更新	队员	中国科学院南海海洋研究所
罗 耀	队员	中国科学院南海海洋研究所
代华光	队员	西藏自治区气象台
余燕群	队员	西藏自治区气象台

丛 书 序 一

　　青藏高原是地球上最年轻、海拔最高、面积最大的高原,西起帕米尔高原和兴都库什、东到横断山脉,北起昆仑山和祁连山、南至喜马拉雅山区,高原面海拔4500米上下,是地球上最独特的地质—地理单元,是开展地球演化、圈层相互作用及人地关系研究的天然实验室。

　　鉴于青藏高原区位的特殊性和重要性,新中国成立以来,在我国重大科技规划中,青藏高原持续被列为重点关注区域。《1956—1967年科学技术发展远景规划》《1963—1972年科学技术发展规划》《1978—1985年全国科学技术发展规划纲要》等规划中都列入针对青藏高原的相关任务。1971年,周恩来总理主持召开全国科学技术工作会议,制订了基础研究八年科技发展规划(1972—1980年),青藏高原科学考察是五个核心内容之一,从而拉开了第一次大规模青藏高原综合科学考察研究的序幕。经过近20年的不懈努力,第一次青藏综合科考全面完成了250多万平方千米的考察,产出了近100部专著和论文集,成果荣获了1987年国家自然科学奖一等奖,在推动区域经济建设和社会发展、巩固国防边防和国家西部大开发战略的实施中发挥了不可替代的作用。

　　自第一次青藏综合科考开展以来的近50年,青藏高原自然与社会环境发生了重大变化,气候变暖幅度是同期全球平均值的两倍,青藏高原生态环境和水循环格局发生了显著变化,如冰川退缩、冻土退化、冰湖溃决、冰崩、草地退化、泥石流频发,严重影响了人类生存环境和经济社会的发展。青藏高原还是"一带一路"环境变化的核心驱动区,将对"一带一路"20多个共建国家和30多亿人口的生存与发展带来影响。

　　2017年8月19日,第二次青藏高原综合科学考察研究启动,习近平总书记发来贺信,指出"青藏高原是世界屋脊、亚洲水塔,是地球第三极,是我国重要的生态安全屏障、战略资源储备基地,是中华民族特色文化的重要保护地",要求第二次青藏高原综合科学考察研究要"聚焦水、生态、人类活动,着力解决青藏高原资源环境承载力、灾害风险、绿色发展途径等方面的问题,为守护好世界上最后一方净土、建设美丽的青藏高原作出新贡献,让青藏高原各族群众生活更加幸福安康"。习近平总书记的贺信传达了党中央对青藏高原可持续发展和建设国家生态保护屏障的战略方针。

第二次青藏综合科考将围绕青藏高原地球系统变化及其影响这一关键科学问题,开展西风－季风协同作用及其影响、亚洲水塔动态变化与影响、生态系统与生态安全、生态安全屏障功能与优化体系、生物多样性保护与可持续利用、人类活动与生存环境安全、高原生长与演化、资源能源现状与远景评估、地质环境与灾害、区域绿色发展途径等10大科学问题的研究,以服务国家战略需求和区域可持续发展。

"第二次青藏高原综合科学考察研究丛书"将系统展示科考成果,从多角度综合反映过去50年来青藏高原环境变化的过程、机制及其对人类社会的影响。相信第二次青藏综合科考将继续发扬老一辈科学家艰苦奋斗、团结奋进、勇攀高峰的精神,不忘初心,砥砺前行,为守护好世界上最后一方净土、建设美丽的青藏高原作出新的更大贡献!

孙鸿烈
第一次青藏科考队队长

丛书序二

　　青藏高原及其周边山地作为地球第三极矗立在北半球，同南极和北极一样，既是全球变化的发动机，又是全球变化的放大器。2000年前人们就认识到青藏高原北缘昆仑山的重要性，公元18世纪人们就发现珠穆朗玛峰的存在，19世纪以来，人们对青藏高原的科考水平不断从一个高度迈向另一个高度。随着人类远足能力的不断加强，逐梦三极的科考日益频繁。虽然青藏高原科考长期以来一直在通过不同的方式在不同的地区进行着，但对整个青藏高原的综合科考迄今只有两次。第一次是20世纪70年代开始的第一次青藏科考。这次科考在地学与生物学等科学领域取得了一系列重大成果，奠定了青藏高原科学研究的基础，为推动社会发展、国防安全和西部大开发提供了重要科学依据。第二次是刚刚开始的第二次青藏科考。第二次青藏科考最初是从区域发展和国家需求层面提出来的，后来成为科学家的共同行动。中国科学院的A类先导专项率先支持启动了第二次青藏科考。刚刚启动的国家专项支持，使得第二次青藏科考有了广度和深度的提升。

　　习近平总书记高度关怀第二次青藏科考，在2017年8月19日第二次青藏科考启动之际，专门给科考队发来贺信，作出重要指示，以高屋建瓴的战略胸怀和俯瞰全球的国际视野，深刻阐述了青藏高原环境变化研究的重要性，希望第二次青藏科考队聚焦水、生态、人类活动，揭示青藏高原环境变化机理，为生态屏障优化和亚洲水塔安全、美丽青藏高原建设作出贡献。殷切期望广大科考人员发扬老一辈科学家艰苦奋斗、团结奋进、勇攀高峰的精神，为守护好世界上最后一方净土顽强拼搏。这充分体现了习近平生态文明思想和绿色发展理念，是第二次青藏科考的基本遵循。

　　第二次青藏科考的目标是阐明过去环境变化规律，预估未来变化与影响，服务区域经济社会高质量发展，引领国际青藏高原研究，促进全球生态环境保护。为此，第二次青藏科考组织了10大任务和 60 多个专题，在亚洲水塔区、喜马拉雅区、横断山高山峡谷区、祁连山－阿尔金区、天山－帕米尔区等 5 大综合考察研究区的 19 个关键区，开展综合科学考察研究，强化野外观测研究体系布局、科考数据集成、新技术融合和灾害预警体系建设，产出科学考察研究报告、国际科学前沿文章、服务国家需求评估和咨询报告、科学传播产品四大体系的科考成果。

两次青藏综合科考有其相同的地方。表现在两次科考都具有学科齐全的特点，两次科考都有全国不同部门科学家广泛参与，两次科考都是国家专项支持。两次青藏综合科考也有其不同的地方。第一，两次科考的目标不一样：第一次科考是以科学发现为目标；第二次科考是以摸清变化和影响为目标。第二，两次科考的基础不一样：第一次青藏科考时青藏高原交通整体落后、技术手段普遍缺乏；第二次青藏科考时青藏高原交通四通八达，新技术、新手段、新方法日新月异。第三，两次科考的理念不一样：第一次科考的理念是不同学科考察研究的平行推进；第二次科考的理念是实现多学科交叉与融合和地球系统多圈层作用考察研究新突破。

"第二次青藏高原综合科学考察研究丛书"是第二次青藏科考成果四大产出体系的重要组成部分，是系统阐述青藏高原环境变化过程与机理、评估环境变化影响、提出科学应对方案的综合文库。希望丛书的出版能全方位展示青藏高原科学考察研究的新成果和地球系统科学研究的新进展，能为推动青藏高原环境保护和可持续发展、推进国家生态文明建设、促进全球生态环境保护做出应有的贡献。

姚檀栋

第二次青藏科考队队长

前　　言

　　藏东南地区地处横断山脉和三江（金沙江、怒江和澜沧江）并流区，是"亚洲水塔"的核心地带，也是西风－季风协同作用非常重要的关键区域。工业革命以来，全球气候变化及相关气候效应和气候应对已经严重威胁人类社会和自然生态环境的平衡，成为近代气候学研究不可忽视的焦点问题。而青藏高原，尤其是藏东南地区是全球变暖背景下最为敏感和脆弱的地区之一。明确藏东南地区近代气候变异的主要特征，可以为高原地区应对气候变化和防灾减灾等提供重要参考，也可以为高原气候预测和未来气候变化预估提供重要依据。

　　本书分为 7 章，主要内容和分工如下：

　　第 1 章主要介绍了藏东南地区气候变异和极端事件的研究背景，探讨了藏东南地区的主要气候特征和研究现状，由李超凡和陆日宇执笔。

　　第 2 章主要介绍了研究使用的数据、指标和方法，由李超凡和郭园晶执笔，豆永丽提供了西藏地区观测站点的地面气象资料。

　　第 3 章主要分析了 1979 年以来藏东南地区温度、降水和积雪深度的变化特征和长期变化趋势，由柳艳菊和汪靖执笔，郭园晶和吕晨玉完成数据处理和绘图。

　　第 4 章主要分析了 1979 年以来藏东南地区极端温度和降水事件特征与趋势，包括极端高温日数、冰冻日数、霜冻日数、多降水日数、中降水日数和少降水日数的统计特征，由李超凡执笔，郭园晶和任远刘瑞完成数据处理和绘图。

　　第 5 章主要分析了与藏东南近代气候变化相关的西风－季风的主要特征，包括大尺度环流、海表面温度等信号，探讨了藏东南温度、降水和极端事件变化的可能影响因子，由李超凡和陶炜晨执笔，郭园晶和吕晨玉完成数据处理和绘图。

　　第 6 章主要是关于西藏地区，尤其是藏东南地区主要极端天气事件的个例分析和总结，包括强降温、强降水、暴雪等极端事件的特征、形势和可能成因，并对相应事件进行了总结分析，由代华光、余燕群、杜晓辉、旦增冉珍、奚凤、高勇、杨丽敏、边玛罗布和次仁拉姆执笔。

　　第 7 章主要分析了地球系统模式对藏东南地区气候变化的模拟与评估情况，系统给出了温度、降水和积雪的模拟现状，由张贺、吴成来、田凤云和林朝晖执笔。

　　陆日宇、李超凡、郭园晶和任远刘瑞对全书进行了统稿。

　　第二次青藏高原综合科学考察研究之西风－季风协同作用下藏东南地区的气候变异特征研究的开展，是科考任务一专题二"气候变化与西风－季风协同作用"关于揭示青藏高原气候变化机理相关的科考任务和研究工作的重要内容。本书是中国科学院大气物理研究所、国家气候中心、西藏自治区气象台等许多科研人员辛勤劳动的成果。本书还针对中亚、昆仑山北坡－天山－帕米尔地区和印度洋地区关键气候要素加密观测，围绕西风－季风关键区展开科考研究工作，以期明确揭示全球变化背景下青藏高原近代气候变化及西风－季风协同作用的物理框架。

《西风－季风协同作用下藏东南地区的气候变异特征》编写委员会

2022 年 8 月

摘　　要

　　针对第二次青藏高原综合科学考察任务一专题二"气候变化与西风-季风协同作用"的科考目标和研究内容,本书系统分析了西风-季风协同作用下藏东南地区的气候变异特征,揭示了藏东南地区气候变化及极端事件的事实,以助力第二次青藏高原综合科学考察和高原地区的经济社会可持续发展。本书主要利用 1979 ~ 2020 年藏东南地区的观测和再分析资料,围绕温度、降水和积雪深度研究了藏东南地区的气候变化特征和趋势;利用极端温度和降水事件分析了极端气候事件的特征和趋势;分析了该地区气候变化相关的西风-季风变化特征;进一步探讨了西藏地区主要极端天气事件个例的主要特征和天气形势;并利用中国科学院地球系统模式 CAS-ESM 评估了藏东南地区气候的基本模拟情况。主要的研究结果如下:

　　藏东南地区 1979 年以来总体呈现"变暖变湿"的变化特征。年平均气温呈现显著上升趋势,升温速率为 0.34 ~ 0.36℃ /10a。站点资料结果表明,冬季增暖最显著,每 10 年增暖 0.51℃;秋季的升温速率为 0.41℃ /10a;夏季每 10 年增暖 0.29℃;春季增暖最不明显,每 10 年增暖 0.25℃。藏东南地区的年降水量亦呈增加趋势,站点资料的增加速率为 6.78mm/10a。其中,春季和夏季呈现增加趋势,秋季和冬季都表现为略微减少趋势。此外,藏东南地区降水表现出一定的年代际变化,20 世纪 80 年代初期降水偏少,80 年代后期至 21 世纪初期降水又持续偏多,2005 年之后以年际振荡为主。伴随着温度的升高,藏东南地区积雪深度在 1979 ~ 2020 年呈明显的减少趋势,并表现出一定的年代际变化特征。20 世纪八九十年代积雪偏多,1999 年后处于一个积雪偏少的阶段(详见第 3 章)。

　　1979 年以来,在整体变暖的背景下,藏东南地区的极端高温日数也显著增多,冰冻日数和霜冻日数呈明显减少的趋势。极端高温日数的上升趋势为 3.44d/10a（站点资料），在 2005 年以后表现出明显的增加趋势；冰冻日数平均减少趋势为 2.80d/10a，藏东南的北部地区减少最为显著；霜冻日数减少的趋势为 5.79d/10a，并在 1998 年前后呈现出了明显的减少趋势。此外，藏东南地区的中降水日数呈现出明显的增加趋势（增多趋势为 0.6d/10a），多降水日数和少降水日数趋势变化不明显。其中，多降水日数的年际变化特征明显，少降水日数主要呈现明显的年代际变化特征，在 1995 年之前偏多，1995～2005 年偏少，2005 年以后又增多（详见第 4 章）。

藏东南地区的温度、降水和相关极端事件的年际变化均与热带海洋调制的季风环流和中高纬度环流系统调控的西风异常存在着密切联系。藏东南地区温度偏高的年份，上层的环流常对应反气旋式环流异常，整个西太平洋、热带印度洋和大西洋地区呈现显著的暖海温异常，有助于高原上空的下沉增温。极端高温日数对应的海温和环流异常与温度变化较一致。而霜冻日数与冰冻日数偏多的年份对应环流比较相似，具体表现在高原上空的对流层中高层有气旋式环流异常、南亚高压明显偏弱和热带太平洋地区有 El Niño（厄尔尼诺）型的海温异常。此外，藏东南地区降水偏多的年份，对流层上层沿西风带有明显的西风异常、西北太平洋－东亚地区有明显的南北向波列分布、热带太平洋地区呈现 La Niña（拉尼娜）型的海温分布特征。夏季和冬季降水对应的环流系统差异明显。夏季总体与年平均分布较为相似，受到热带海温和欧亚大陆对流层高层波列分布的共同调制。藏东南冬季降水相关的环流异常在中高层呈现为气旋式分布，热带海温异常偏弱，北冰洋地区有明显的海温异常，可能主要受到冬季风和北极涛动的协同作用。藏东南地区多降水和中降水日数相关的环流形势总体与年平均降水类似，与少降水日数的分布特征相反（详见第 5 章）。

强降温、强降雨和暴雪是西藏地区常见的主要气象灾害，发生频率较高，本书给出西藏地区近几年发生的主要极端天气事件的主要特征和天气形势诊断分析。西藏地区的极端强降温事件发生时，高空 500hPa 常对应明显的变温，强的冷平流和地面正变压会加剧降温强度，欧亚中高纬度常出现"两槽一脊"的经向型环流。西藏地区的强降温事件以西北气流型发生频次最多、影响范围最大，强降温事件的发生频次呈现明显的年代际转变，90 年代后期逐渐减少。西藏地区的暴雨事件往往需要充沛的水汽条件、充足的动力条件和足够的层结不稳定条件，且受到高原切变线、500hPa 高空槽、200hPa 南亚高压、印度和孟加拉湾地区的低压系统等影响。强降水区在林芝、山南南部和昌都南部的东部型暴雨是出现最多的区域性强降水过程类型。高原地区的大范围极端降雪过程与欧亚中高纬地区的槽脊分布、孟加拉湾的水汽输送等的相互配置有重要联系，其中地形分布（尤其是聂拉木地区）也对降雪量有重要的增幅作用（详见第 6 章）。

地球系统模式在藏东南地区的模拟结果表明，该模式能够较好地模拟出藏东南地区全年平均、季节平均气温的空间分布，偏差主要表现在西部、北部的气温有所低估，特别在冬季，低估较明显。该模式也能够准确地模拟出气温的上升趋势及年际变率的空间分布特征；对于降水的分布，该模式能够模拟出藏东南地区全年平均降水的空间分布特征，在四个季节中，春季的空间特征模拟最好，夏季偏差较大，全区整体上对降水均有高估，该模式对降水年际变率的空间分布和季节循环特征具有较好的模拟能力；该模式能够大致再现藏东南地区积雪深度的空间分布与季节循环特征，但对东北部山区的积雪深度有明显的高估，且春季高估最明显；从时间变化上看，模拟的积雪深度峰值较观测迟滞两个月，且低估了藏东南地区积雪深度的年际变率（详见第7章）。

本书聚焦藏东南地区近代气候的变异特征，定量化分析1979年以来西风－季风协同作用下该地区的变化情况。观测事实进一步证实了青藏高原作为全球气候变化最敏感和脆弱的显著区之一，近几十年的增暖等响应变化高于亚洲其他地区。很多研究表明，在全球变暖背景下，未来气候变率将增强，意味着极端温度、降水等事件趋多趋重（Alexander et al.，2006；IPCC，2021；Lu and Fu，2010；Huang et al.，2016）。这将对社会、经济和生态环境等产生重要的影响，有必要加强高原地区的短期和中长期气候预测、预警和预估研究，进一步评估高原气候变异对水资源、生态环境和社会经济等的影响程度，提高适应和应对气候变化灾害风险的综合服务能力和有效策略。

观测资料的不足依然是制约现代季风和西风协同作用与高原气候变异研究的重要环节。本书利用了多元的气候观测资料，包括有人值守站（简称"有人站"）的逐日地面气象资料、基于观测站点的格点资料和再分析的格点资料等。通过分析表明，青藏高原地区的气候变异有明显的区域性差异和资料不确定性，尤其是降水的变化，存在一定的海拔依赖性和季节差异。因此，亟须开展西风－季风协同作用关键区从点到面的加密观测，这将有助于深入认识青藏高原地区的物理过程及气候影响，极大地促进理论和模拟研究，而且具有重大的社会需求。

本书发现，藏东南地区的气候变异与大尺度西风－季风气候因子相匹配，与"一带一路"核心地区、"丝绸之路"遥相关型和亚洲季风的变化紧密联系。未来需进一步分析西风－季风协同作用对"一带一路"核心地区及季风关键区的气候影响，进一步提高我国综合的气候服务能力。另外，本书揭示了近几十年藏东南地区现代气候条件下的气候变异事实，其在全球变暖背景下的未来长期变化特征尚不清楚。未来高原地区的气候变化和演变特征将决定未来的气候变化风险。因此，需要进一步利用地球系统模式与多模式模拟和预估结果，揭示全球变暖不同排放情景下西风－季风关键区域未来的可能变化，认识高原气候的模拟现状和未来气候、极端天气气候等的变化规律。

目　　录

第 1 章

藏东南地区气候变异和极端事件的研究进展

1.1　引言

由中国科学院组织实施的第二次青藏高原综合科学考察（简称第二次青藏科考）于 2017 年 8 月 19 日在西藏拉萨正式启动。中共中央总书记、国家主席、中央军委主席习近平发来的贺信中指出，青藏高原是世界屋脊、亚洲水塔，是地球第三极，是我国重要的生态安全屏障、战略资源储备基地，是中华民族特色文化的重要保护地。第二次青藏科考将在第一次青藏科考的基础上，对青藏高原的水、生态、人类活动等环境问题进行考察研究，揭示青藏高原气候环境的变化机理，摸清其变化规律，预测和预估其未来的变化趋势特征。这将对推动青藏高原区域经济社会的可持续发展、推进国家生态文明建设、开拓国际视野和联动研究、促进全球生态环境保护产生十分重要的影响。

第二次青藏科考开展了十大科学考察任务，组建了若干专题的科考和科研分队。其中，任务一专题二"气候变化与西风－季风协同作用"承担着揭示青藏高原近代气候变化机理相关的科考任务和研究工作。该专题将在青藏高原科考和观测的基础上，主要开展青藏高原"西风－季风"协同作用的气候变化机理的研究工作，分析和预测青藏高原和亚洲季风区、"丝绸之路"经济带沿线区域的气候变化。

藏东南地区位于青藏高原东南部，地处横断山脉和三江（金沙江、怒江和澜沧江）并流区，是"亚洲水塔"的核心地带。该地区处于西藏与四川、青海、云南交界的咽喉部位，是青藏铁路、川藏公路和滇藏公路的必经之地，也是"茶马古道"的要地。这里有独特的纵向岭谷和干热的河谷地貌，生物多样性丰富，是西风－季风协同作用重要的关键性区域。20 世纪以来，气候变化及相关气候效应已经成为全球瞩目的焦点问题。青藏高原，尤其是藏东南地区，作为全球变暖背景下最为敏感和脆弱的地区之一，揭示其气候变异特征，不仅可以为高原地区气候防灾减灾提供参考，也可以作为预测和预估高原未来气候变化的重要依据。

1.2　基本气候特征

藏东南地区平均海拔 4000m 以上，主要的气候类型是高原山地气候。该地区由于海拔较高，太阳短波辐射强，日照多，日较差大，降水较东部季风区偏少。但由于高原地形、海拔差异大等状况的影响，该地区气温和降水等气候状况的地域差异较大。青藏高原北侧为西风带的位置，东部毗邻东亚季风区，南部毗邻南亚季风区。相对于周围的自由大气，青藏高原在夏季起强大的热源作用，冬季起热汇作用。这种热源或热汇作用对上层环流和季风环流有直接影响。它可以作用于对流层中层，对南亚高压的形成和维持有重要作用。除了热力作用，青藏高原对大气环流的动力作用亦十分显著，主要是迫使气流绕行和爬坡。爬坡气流对高原南部的南支槽的形成有一定贡献。而在高原南北两侧，绕行气流的侧向摩擦使得水平切变增大和涡度场分布改变，进而对西风和季风环流产生协同和相互作用。正是由于青藏高原的热力和动力作用，青藏高原的气候特征与西风–季风的协同变化密切联系。

1.3　气候变异和极端事件的研究现状和问题

工业革命以来，全球气候表现出显著的变暖特征，这是当今国际社会普遍关注的全球性问题。联合国政府间气候变化专门委员会（Intergovernmental Panel on Climate Change, IPCC）的第六次评估报告指出，未来 20 年，地球表面温度将升高超过 1.5℃，科学家"非常有信心"认为人类活动是更频繁或更强烈的热浪、冰川融化、海洋变暖和酸化的主要驱动力（IPCC，2021）。

青藏高原是全球气候变化最敏感和最脆弱的显著区之一。中国气象局气候变化中心组织编制的《中国气候变化蓝皮书（2021）》中指出，相对其他地区，青藏地区增温速率最大，1961 ～ 2020 年平均每 10 年气温升高 0.36℃。青藏地区平均年降水量亦呈显著增多趋势，平均每 10 年增加 10.4 mm。青藏高原是全球中纬度面积最大的多年冻土分布区，多年冻土的分布和变化对区域气候、生态环境和水资源安全、高原地区的重大工程建设和安全运营等均有着重要的影响（程国栋等，2019；Mu et al.，2020）。伴随着气温的升高，青藏公路沿线多年冻土区活动层厚度呈显著的增加趋势，1981 ～ 2020 年平均每 10 年增厚 19.4 cm，多年冻土退化明显。此外，青藏高原积雪区平均积雪覆盖率略有增加，年际振荡明显。

在全球变暖的背景下，气候态和年际变率等变化往往会造成极端天气气候事件发生变化（Alexander et al.，2006）。青藏高原地区的极端最高和极端最低气温均呈现西冷东暖的特征，与地形西高东低分布一致。1961 ～ 2015 年，高原地区的极端最高温度、极端最低温度均呈上升趋势，中国区域 0.25°×0.25° 经纬度分辨率的格点化数据集 CN05.1 资料对应的上升趋势分别为 0.25℃/10a 和 0.42℃/10a；极端暖日日数也呈增加趋势，结冰、霜冻和冷夜日数均呈下降趋势（次央等，2021）。另外，随着全球变暖，青藏高原这一重要的大气热源将变得更强。基于 CMIP5 模式结果平均来说，CO_2 含量每增加 1 倍，热源作用增强 5% ～ 6%（Qu and Huang，2020）。这意味着亚洲季风会变得更强并对全球许多地区产生更显著的作用，同时也预示着青藏高原极端降水事件将变多。此外，观测记录显示，近年来青藏高原北侧沙漠干旱区（南疆地区）的极端暴雨天气显著增多，导致山洪、泥石流、山体滑坡和城镇内涝等气象灾害和衍生灾害频发。

对于西风-季风协同作用下青藏高原的气候变化机理的认识和研究，观测资料的不足乃至空白是制约其开展的重要环节。相对于东部季风区，青藏高原地区的观测站点分布明显稀疏和匮乏，这导致高原相关的格点资料或再分析资料等都存在较明显的不确定性。另外，很多分析表明，青藏高原的气象要素的变化和响应，包括降水、积雪等，在不同海拔的地区有明显的差异，存在一定的海拔依赖性（Guo et al.，2021；Na et al.，2021）。气候变暖海拔依赖性指海拔越高，变暖越快的现象，其可能会加速青藏高原高海拔区积雪、冰川等的消融，从而严重影响周边地区水资源的可持续供给。在全球变暖背景下，预计21世纪末平均降水量在青藏高原南坡低海拔地区将会减少、在高海拔地区将会增加；高原南坡的极端降水强度和发生概率在未来全球变暖条件下将显著增加，是北半球变化最明显的地区之一，且高海拔地区的极端降水概率增加，较低海拔地区更为显著（Na et al.，2021）。另外，青藏高原变暖的海拔依赖性会随时间推移发生变化，区域变暖加剧可通过减少高海拔区雪深，控制青藏高原变暖海拔依赖性的演化模态，这也预示未来更暖背景下，青藏高原变暖的海拔依赖性可能会加强（Guo et al.，2021）。与西部高海拔地区相比较，青藏高原东南部地区海拔略偏低，气象观测站点数量相对多一些。

本书利用藏东南地区的站点和格点观测资料，系统地研究了藏东南地区1979年以来气候及极端气候变化的时空分布和演变特征，揭示藏东南地区气候变化及极端事件的事实，以期深入认识和揭示西风-季风协同作用下青藏高原的气候变化机理，助力第二次青藏科考，为青藏高原区域经济社会的可持续发展、有序适应和应对气候变化、防范气候灾害提供科学参考依据。

第 2 章

数据和方法

2.1 数据源

本书使用西藏自治区气象台提供的 1979 年 1 月 1 日～ 2020 年 12 月 31 日 37 个有人站的逐日地面气象资料，后文中简称"站点资料"。其中，藏东南地区选取范围为：27°N ～ 32.5°N，85°E ～ 98.5°E，包含 33 个站点（图 2.1）。具体的站点名称和经纬度信息见表 2.1。主要使用的气象要素包括：日平均气温、日最高气温、日最低气温、降水和积雪深度。

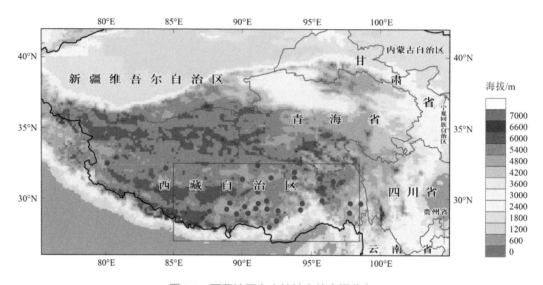

图 2.1　西藏地区有人站站点的空间分布

蓝色点为站点位置；红色框（27°N ～ 32.5°N，85°E ～ 98.5°E）表示藏东南地区

为了与有人站站点数据进行对比分析，本研究还使用了 CN05.1 格点资料的日平均和最高、最低气温，以及降水资料，该资料基于国家气象信息中心 2400 多个全国国家级台站（基本、基准和一般站）的日观测数据得到，空间分辨率为 0.25°×0.25°（吴佳和高学杰，2013），后文中简称"格点资料"。

第 5 章在探讨藏东南气候相关的西风－季风变化特征中，考虑到资料年际变化的准确性，主要使用了有人站的逐日地面气象资料。另外，该章还使用了逐月的风场数据，源于欧洲中期天气预报中心 ERA5 逐月再分析资料（空间分辨率为 0.5°×0.5°）（Hersbach et al.，2020），美国国家海洋和大气管理局（NOAA）重建的海温 V5 资料（ERSST V5）（空间分辨率为 2.0°×2.0°）（Huang et al.，2017），美国国家环境预报中心 / 美国气候预测中心（NCEP/CPC）整合的降水数据（CPC merged analysis of precipitation，CMAP）（空间分辨率为 2.5°×2.5°）（Xie and Arkin，1997）。相应资料的研究时间段均为 1979 年 1 月～ 2020 年 12 月。

表 2.1　西藏地区有人站站点基本信息

站名	纬度 /(°N)	经度 /(°E)	站名	纬度 /(°N)	经度 /(°E)
狮泉河	32.50	80.10	浪卡子	28.97	90.40
改则	32.15	84.42	错那	27.98	91.95
班戈	31.38	90.02	隆子	28.42	92.47
安多	32.35	91.10	帕里	27.73	89.08
那曲	31.48	92.07	索县	31.88	93.78
普兰	30.28	81.25	比如	31.48	93.78
申扎	30.95	88.63	丁青	31.42	95.60
当雄	30.48	91.10	类乌齐	31.22	96.60
拉孜	29.08	87.60	昌都	31.15	97.17
南木林	29.68	89.10	嘉黎	30.67	93.28
日喀则	29.25	88.88	洛隆	30.77	95.80
尼木	29.43	90.17	波密	29.87	95.77
贡嘎	29.30	90.97	加查	29.15	92.58
拉萨	29.67	91.13	林芝	29.67	94.33
墨竹工卡	29.85	91.73	米林	29.22	94.22
泽当	29.27	91.77	左贡	29.67	97.83
聂拉木	28.18	85.97	芒康	29.65	98.60
定日	28.63	87.08	察隅	29.00	97.78
江孜	28.92	89.60			

注：加粗表示藏东南地区的站点。

　　第 6 章在分析西藏地区主要极端天气事件时，利用西藏 39 个国家气象站 1961～2010 年共 50 年的最低气温、日平均气温数据，对西藏各气候区域进行分区域强降温气候统计；并对 2001～2010 年的强降温、2007～2019 年的强降水天气事件和主要典型暴雪极端天气个例，使用气象信息综合处理系统（MICAPS）对常规气象资料进行中尺度天气分析，总结地面、高空各层次温度、气压、风向、风速、变温、变压、水汽条件等相关要素，概括西藏强降水事件的主要气候特征，以及强降水天气过程中的中尺度天气特征，总结出强降温事件的中尺度概念模型。

2.2　指标选取和方法

　　围绕藏东南地区极端温度和降水事件，本书所采用的极端温度指标主要有极端高温日数、冰冻日数和霜冻日数，极端降水的指标主要有多降水日数、中降水日数和少降水日数。具体定义如下：

（1）极端高温日数是表征白天极端高温频率的重要指标，定义为每年的日最高温度大于 95 分位阈值的天数。

（2）冰冻日数是表征白天极端低温频率的重要指标，定义为每年的日最高温度小于 0℃的天数。

（3）霜冻日数是表征夜晚极端低温频率的重要指标，定义为每年的日最低温度小于 0℃的天数。

（4）多降水日数是表征强降水频率的重要指标之一，定义为每年的日降水量大于等于 95 分位阈值的天数。

（5）中降水日数是表征中等程度降水频率的重要指标之一，定义为每年的日降水量大于等于 50 分位阈值并小于 95 分位阈值的天数。

（6）少降水日数是表征干或极少降水频率的重要指标，定义为每年的日降水量小于 1mm 的天数。

本书第 3 章计算了藏东南地区温度、降水和积雪深度的气候态的空间分布和时间序列；第 4 章计算了藏东南地区的极端温度和降水日数的空间分布和时间序列，其中，趋势变化的检验通过计算与年份相关的 t 检验获得；第 5 章根据第 3、第 4 章得到的时间序列回归到各个气象场，研究西风－季风协同作用与藏东南地区气候变化的联系；第 6 章主要围绕西藏地区主要极端天气事件个例的主要特征和天气形势展开探讨和总结；第 7 章主要利用中国科学院大气物理研究所牵头研发的地球系统模式（CAS-ESM），对藏东南地区气候变化的模拟现状进行评估。

第 3 章

藏东南地区气候变化特征和趋势

3.1 温度变化

3.1.1 气候特征

藏东南东南部地区年平均气温大约 5.1℃（格点资料 1.1℃）。从空间分布看，年平均气温呈现自西北向东南递增的分布规律，其中东南部边缘地区气温较高，最高值超过 18℃，而在其西北部、北部以及西南部边缘地区气温普遍低于 0℃（图3.1）。

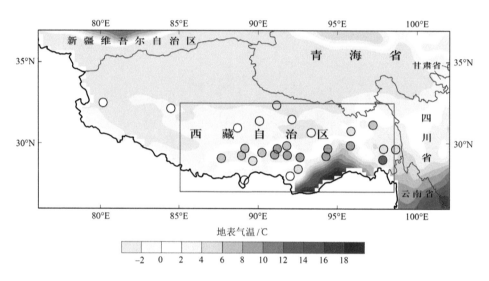

图 3.1 1979 ～ 2020 年藏东南地区地表气温的气候态分布

填色为格点资料；圆点为有人站的资料结果（藏东南地区有 33 个站）；红色框表示藏东南地区。下同

站点和格点资料的逐月演变显示，藏东南地区气温的月际变化十分明显。其中，4 ～ 10 月是藏东南地区的暖季，月平均气温均在 0℃以上，最热的月份出现在 7 月，平均为 9 ～ 13℃，其次是 8 月和 6 月；而 1 ～ 3 月及 11 ～ 12 月则相对是冷季，其中 1 月是最冷月，平均为 -4.4℃（格点资料 -8.0℃），然后依次是 12 月和 2 月（图3.2和图3.3）。

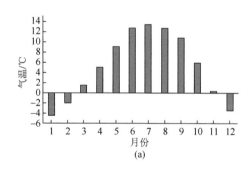

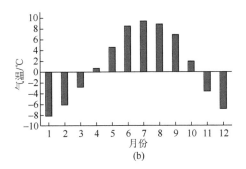

图 3.2　1979～2020 年藏东南地区站点（a）和格点资料（b）逐月平均的地表气温

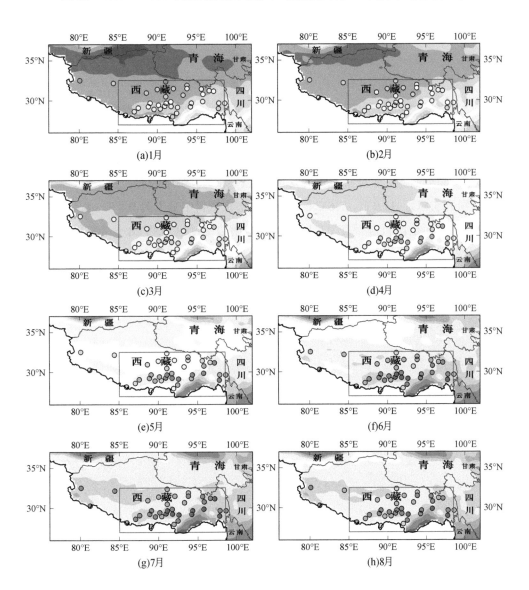

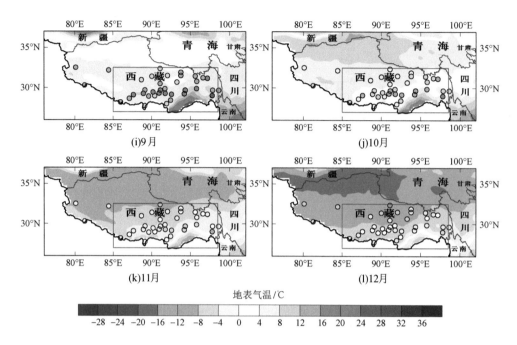

图 3.3　1979～2020 年藏东南地区逐月平均地表气温的空间分布

藏东南地区气温具有明显的季节变化特征。站点资料中的春、夏、秋、冬四季平均气温分别为 5.1℃、12.9℃、5.6℃、−3.3℃（格点资料中分别为 0.8℃、8.9℃、1.7℃、−7.0℃）。夏季，全区气温都在 0℃以上，其东南边缘地区可达 28～30℃；冬季大部分区域平均气温小于 0℃（藏东南东南边缘地区除外），西北部地区气温较低，平均小于 −8℃。春秋两季的气温分布形势较为相似。藏东南西北地区各季节平均气温在 −4.0～0℃，藏东南东南部各季节平均气温大于 0℃，其中边缘地区各季节平均气温超过 16℃（图 3.4）。

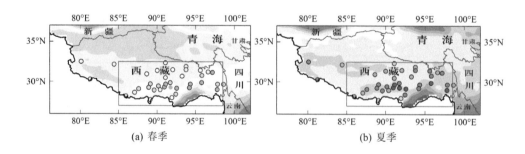

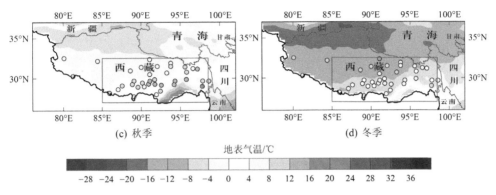

图 3.4　1979 ～ 2020 年藏东南地区各季节平均地表气温的空间分布

3.1.2　年际变率

图 3.5 给出了 1979 ～ 2020 年藏东南地区地表气温年际变率的空间分布。就西藏地区整体而言，藏东南地区气温年际变率小于藏西地区（85°E 以西）。就藏东南地区而言，从格点（填色）和站点（圆点）资料所显示的年际变率来看，藏东南地区气温年际变率较大的地方集中在北部（高于 0.4℃），南部尤其是东南角年际变率较小（小于 0.3℃）。

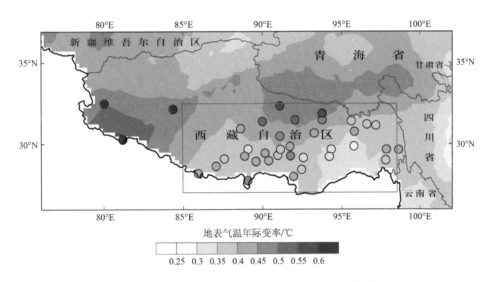

图 3.5　1979 ～ 2020 年藏东南地区地表气温年际变率的空间分布
填色为格点资料；圆点为有人站的资料结果（藏东南地区有 33 个站）；蓝色框表示藏东南地区。下同

从各个季节藏东南地区地表气温年际变率的空间分布来看（图3.6），冬季变率最大，并且变率最大的地方集中于其北部和西北部；其次是春季，变率最大的地方集中于其中西部；再次是秋季，变率最大的地方集中于其中北部；夏季变率最小，变率的空间分布较为均匀。

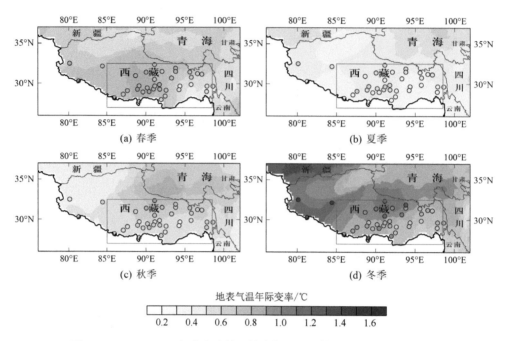

图 3.6　1979 ～ 2020 年藏东南地区地表气温各季节年际变率的空间分布

3.1.3　趋势变化

从年平均地表气温的长期演变趋势看（图 3.7），站点和格点资料均显示 1979 ～ 2020 年藏东南地区的年平均气温呈现显著上升趋势，升温速率为 0.34 ～ 0.36℃ /10a（站点资料 0.36℃ /10a，格点资料 0.34℃ /10a）。该升温趋势明显高于《中国气候变化蓝皮书（2021）》中指出的 1951 年以来我国地表温度的平均增温速率（0.26℃ /10a）。年平均气温最高值出现于 2009 年，为 6.2℃（站点资料 6.2℃，格点资料 2.2℃），年平均气温最低值出现于 1997 年，为 3.9℃（站点资料 3.9℃，格点资料 −0.1℃），年平均气温最高值和最低值之间相差 2.3℃。

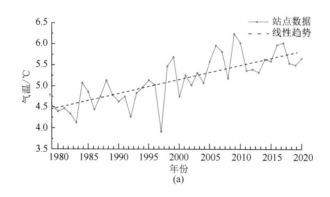

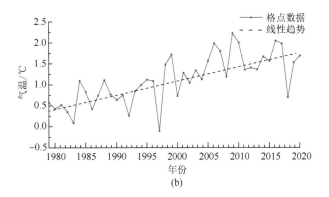

(b)

图 3.7 1979 ~ 2020 年藏东南地区站点（a）和格点资料（b）的地表气温逐年平均的变化序列

图 3.8 给出了 1979 ~ 2020 年藏东南地区各个季节地表气温的年际变化曲线，其中左列为站点资料绘制的曲线，右列为格点资料绘制的曲线。两套资料均显示藏东南地区地表气温明显的年际变化特征，并且均呈现明显的增暖态势。就四个季节而言，冬季增暖最显著，每 10 年增暖 0.51℃（站点资料）/0.46℃（格点资料）；其次是秋季，站点和格点资料均显示每 10 年增暖 0.41℃；再次是夏季，每 10 年增暖 0.29℃（站点资料）/0.25℃（格点资料）；增暖最不明显的是春季，每 10 年增暖 0.25℃（站点资料）/0.23℃（格点资料）。

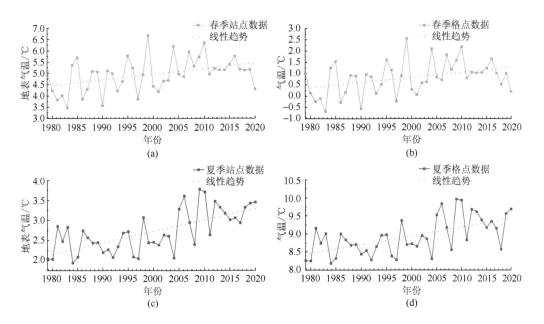

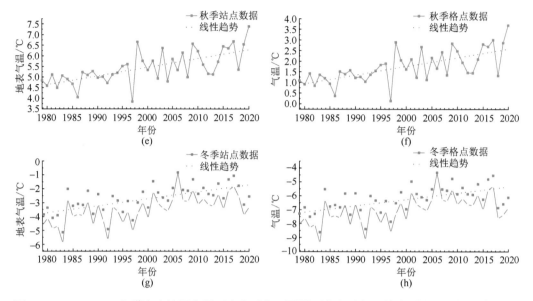

图 3.8　1979 ～ 2020 年藏东南地区春季 [(a) 和 (b)]、夏季 [(c) 和 (d)]、秋季 [(e) 和 (f)] 和冬季 [(g) 和 (h)] 站点（左列图片）和格点（右列图片）资料的地表气温逐年平均的变化序列

图 3.9 给出了 1979 ～ 2020 年藏东南地区年平均地表气温线性趋势的空间分布。就西藏整体而言，所有地区均呈现显著的增暖趋势，藏东南气温增加幅度小于藏西地区（85°E 以西）。就藏东南而言，从格点（填色）和站点（圆圈）资料所显示的地表气温年际变率来看，藏东南气温增加幅度较大的地方集中在北部（高于 0.5℃ /10a）；南部增暖幅度偏低（小于 0.3℃）。

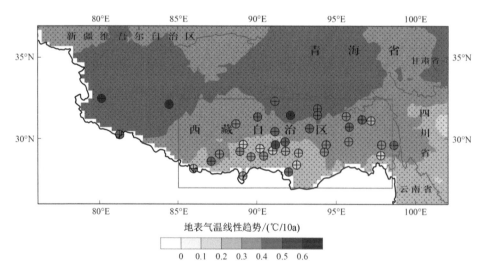

图 3.9　1979 ～ 2020 年藏东南地区年平均地表气温线性趋势的空间分布

填色为格点资料；大圆圈为有人站的资料结果；小黑点表示通过 95% 信度检验；"+"标志表示该站点数据趋势变化超过 95% 显著性水平

　　从各个季节藏东南地区地表气温线性趋势的空间分布来看（图3.10），冬季增暖趋势最为明显，并且增暖最大的地方集中于其北部和西北部；其次是秋季，增暖最大的地方集中于其北部和西北部；再次是夏季，增暖最大的地方集中于其东北部；春季总体增暖幅度最小。

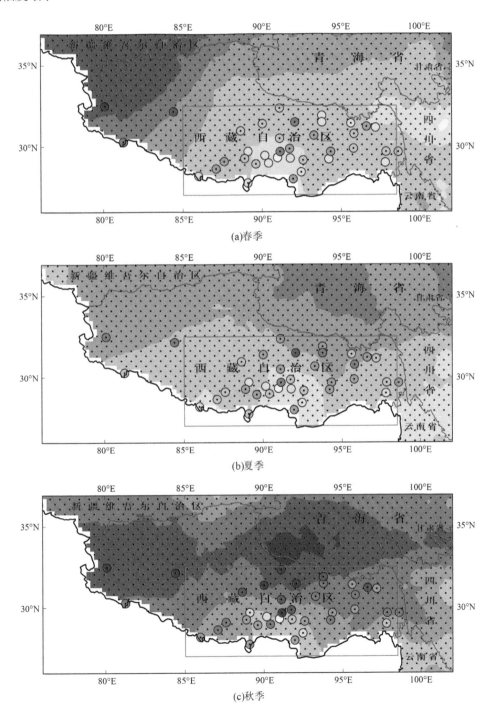

(a)春季

(b)夏季

(c)秋季

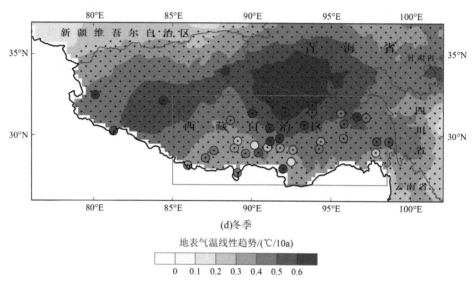

(d)冬季

地表气温线性趋势/(℃/10a)

0　0.1　0.2　0.3　0.4　0.5　0.6

图 3.10　1979 ～ 2020 年藏东南地区各季节平均地表气温线性趋势的空间分布

填色为格点资料；大圆圈为有人站的资料结果；小黑点表示通过 95% 信度检验；圆点标志表示该站点数据趋势变化超过
95% 显著性水平

3.2　降水变化

3.2.1　气候特征

藏东南地区年降水量自西北向东南递增，为 200 ～ 900mm，区域差异较大，其中，在林芝及其南部靠近南坡的地区海拔相对较低，年降水量较多，高值中心可达 800 ～ 900mm，而在西北部地区海拔较高，年降水量偏少，如日喀则及其西北部区域的年降水量仅 200 ～ 300mm（图 3.11）。

藏东南地区平均降水表现出明显的月际差异。降水主要集中在 6 ～ 9 月，降水量占全年的 70% 以上，7 月降水量最大，约为 116 mm。冬半年降水非常稀少，11 月起到次年 2 月的月降水量不足 10 mm，这段时期的总降水量仅占全年的 3.7%，12 月降水量最少，仅为 3 mm。站点资料与格点资料结果相比，月际变化特征较为一致，但格点资料降水量普遍高于站点资料，特别是冬半年，格点资料比站点资料高出 20% ～ 30%（图 3.12），这可能与站点资料的非均匀分布和站点资料海拔的差异有关。从逐月降水量的空间分布情况来看，整个西藏包括藏东南地区在冬半年降水量均很稀少，夏半年藏东南地区降水量逐渐增多，并高于西藏其他区域，特别是沿雅鲁藏布江下游两岸地区降水量明显高于其他区域（图 3.13）。

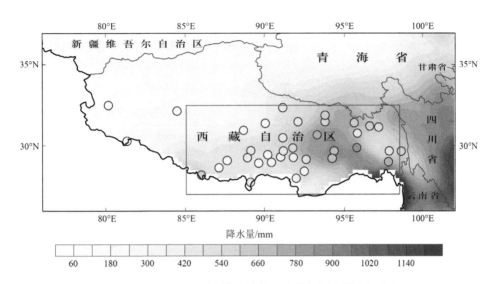

图 3.11　1979 ～ 2020 年藏东南地区降水气候态的空间分布

填色为格点资料；圆点为有人站的资料结果（藏东南地区有 33 个站）；红色框表示藏东南地区。下同

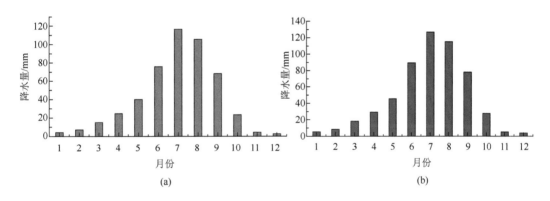

图 3.12　1979 ～ 2020 年藏东南地区逐月平均站点（a）和格点（b）资料的降水量

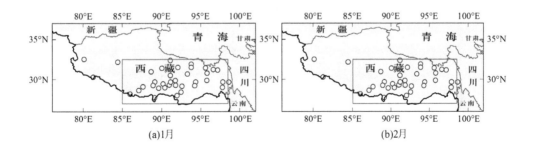

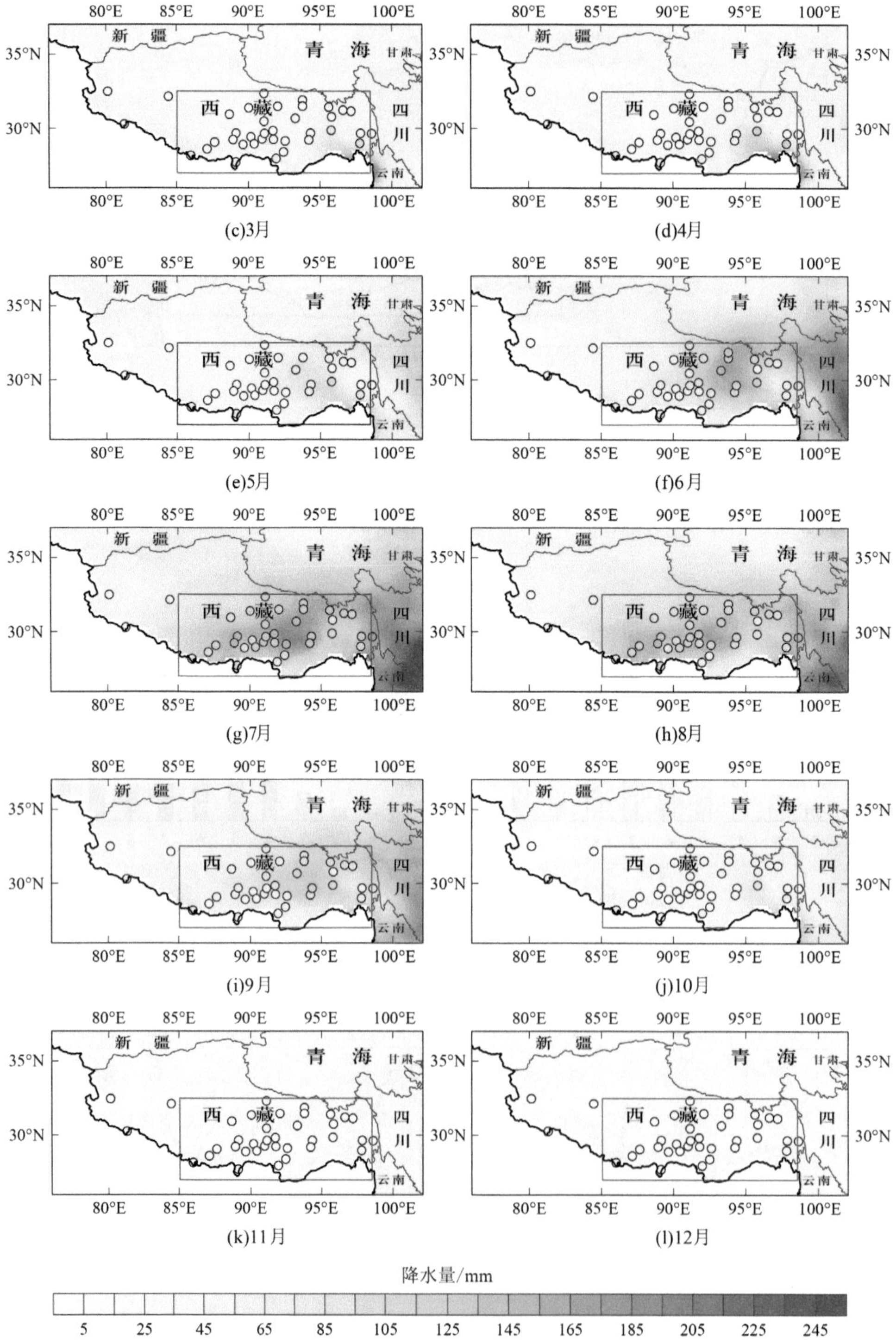
80°E 85°E 90°E 95°E 100°E
35°N
30°N
新 疆
青 海
甘肃
西 藏
四 川
云南
(c)3月
(d)4月
(e)5月
(f)6月
(g)7月
(h)8月
(i)9月
(j)10月
(k)11月
(l)12月
降水量/mm
5 25 45 65 85 105 125 145 165 185 205 225 245

图 3.13　1979 ～ 2020 年藏东南地区逐月平均降水量的空间分布

藏东南地区降水量具有明显的季节变化特征（图 3.14）。冬季，全区一致性少雨，降水量不足 10 mm。春秋两季的降水量分布形势较为相似，降水仅集中于该区域的东南部。夏季降水量占全年总量的 60% 以上，降水量的空间分布特征及最大降水中心位置与年平均降水量接近。

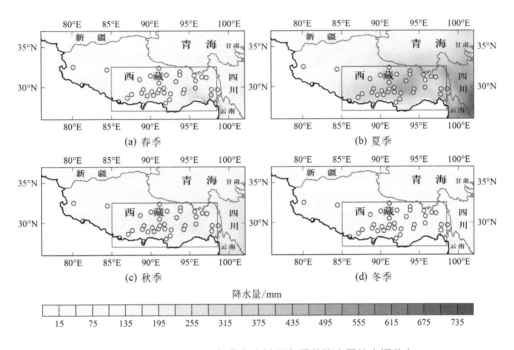

图 3.14　1979 ～ 2020 年藏东南地区各季节降水量的空间分布

3.2.2　年际变率

1979 ～ 2020 年，藏东南地区降水年际变率在空间分布上区域性差异不大（图 3.15）。从格点资料所显示的降水年际变率来看（填色），东部降水年际变率较西部略显著，就西藏整体而言，藏东南地区降水年际变率大于藏西地区（85°E 以西），存在明显的分界线。

从各个季节藏东南地区降水年际变率的空间分布来看（图 3.16），变率的空间分布较为均匀。其中，夏季变率最大，变率最大的地方集中于雅鲁藏布江下游两岸地区；其次是秋季，变率最大的地方集中于其东部；再次是春季，变率最大的地方集中于其东南部；冬季降水年际变率最小。

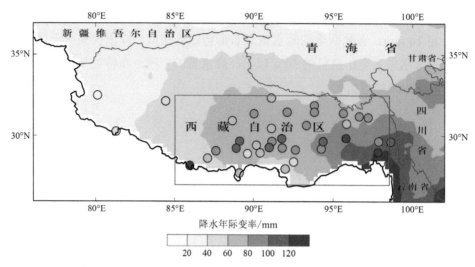

图 3.15　1979～2020 年藏东南地区降水年际变率的空间分布

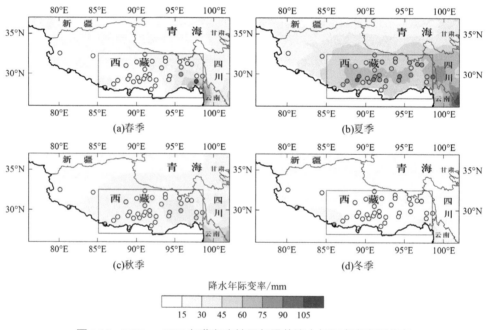

图 3.16　1979～2020 年藏东南地区各季节降水年际变率空间分布

3.2.3　趋势变化

图 3.17 给出藏东南地区年降水量的长期演变趋势，站点资料显示，1979～2020
年藏东南地区年降水量呈增加趋势，增加速率为 6.78 mm/10a。年降水量距平曲线（相
对于 1991～2020 年）显示（图 3.18），藏东南地区年降水量表现出明显的年代际变化，
20 世纪 80 年代初期降水偏少，80 年代后期至 21 世纪初期降水又持续增多，2005 年之

后降水量以年际振荡为主。相比之下，格点资料显示的长期变化趋势与站点资料有一定差异，年降水量呈现减少趋势（变化速率为 -10.72 mm/10a），比较两套资料的距平序列可发现，两套资料在 2011 年之前的变化非常一致，但 2011 年之后的 10 年中，格点资料显示降水量持续减少，因此导致其长期变化趋势出现了与站点资料相反的特征。《中国气候变化蓝皮书（2021）》指出，青藏地区年平均降水量呈显著增多趋势，平均每 10 年增加 10.4 mm，这与站点数据的趋势变化结果比较一致，因此该资料的降水年际变化的结果更加可靠。格点数据在青藏高原降水的表征能力有一定的不确定性（吴佳和高学杰，2013）。

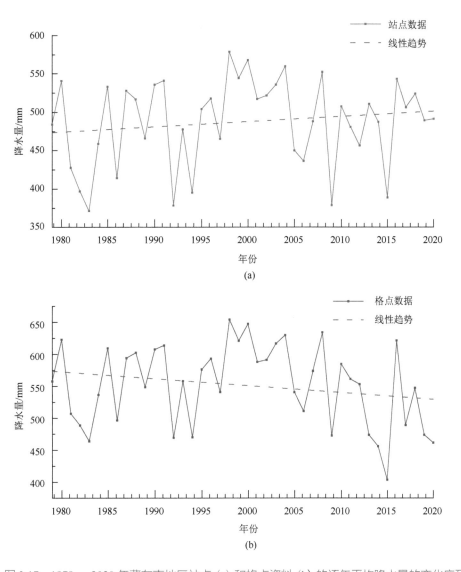

图 3.17　1979～2020 年藏东南地区站点（a）和格点资料（b）的逐年平均降水量的变化序列

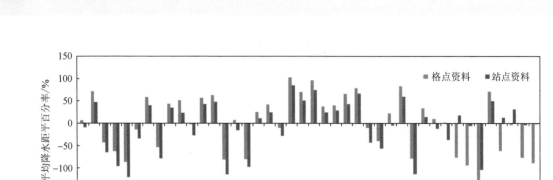

图 3.18　1979 ～ 2020 年藏东南地区逐年平均降水距平百分率（相对于 1991 ～ 2020 年）的变化序列

图 3.19 给出藏东南地区四季降水量的逐年变化序列，其中左列为站点资料绘制的曲线，右列为格点资料绘制的曲线。除夏季外，两套资料的季节降水量的变化趋势一致。其中，春季降水量呈现增加趋势，平均每 10 年增加 5.58 mm（站点资料）/2.58 mm（格点资料）；秋季和冬季都表现为减少趋势，且秋季的减少幅度更大，为 −2.22 mm /10a（站点资料）/−4.71 mm /10a（格点资料）；就降水量最大的夏季而言，站点数据呈现增加趋势，平均每 10 年增加 4.83 mm，格点数据则呈现减少趋势，平均每 10 年减少 8.22 mm，这与两套资料年降水量变化趋势的差异相吻合。

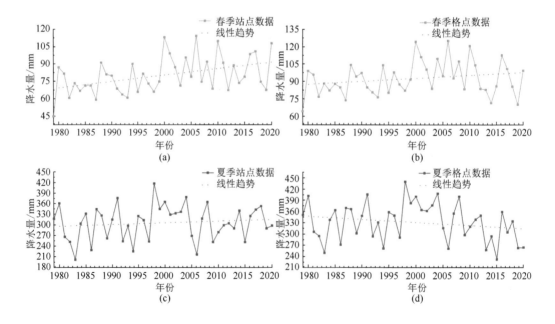

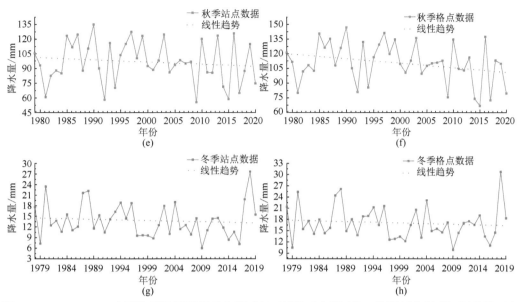

图 3.19　1979 ～ 2020 年藏东南地区春季 [(a) 和 (b)]、夏季 [(c) 和 (d)]、秋季 [(e) 和 (f)] 和冬季 [(g) 和 (h)] 逐年平均站点（左列图片）和格点（右列图片）资料的降水量的变化序列

　　从藏东南地区年平均降水线性趋势的地域分布来看（图 3.20），1979 ～ 2020 年藏东南大部分地区呈减少趋势，且东南部的减幅较西部明显更大，山南西部及拉萨 - 那曲东部一带呈增加趋势，但增幅较小。从藏东南地区各季节平均降水线性趋势的空间分布来看（图 3.21），除春季藏东南地区呈增加趋势外，其余三个季节大部分地区均呈现减少趋势，夏季与年降水量的趋势变化最为一致，且变干趋势最为明显，东部地区

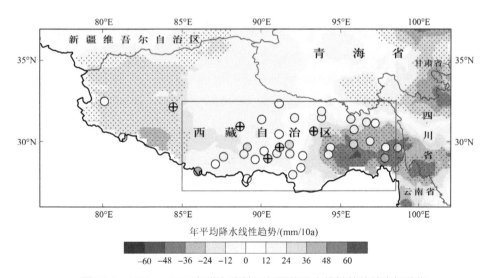

图 3.20　1979 ～ 2020 年藏东南地区年平均降水线性趋势的空间分布

填色为格点资料；大圆圈为有人站的资料结果；小黑点表示通过 95% 信度检验；"+"标志表示该站点数据趋势变化超过 95% 显著性水平

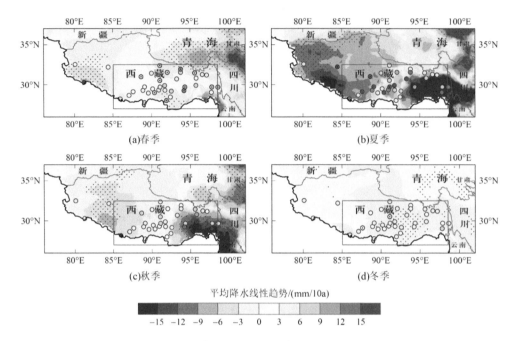

图 3.21　1979 ~ 2020 年藏东南地区各季节平均降水线性趋势的空间分布

填色为格点资料；大圆圈为有人站的资料结果；小黑点表示通过 95% 信度检验；圆点标志表示该站点数据趋势变化超过
95% 显著性水平

减幅最大，达到 15 mm/10a 以上；其次是秋季，冬季减少趋势最不明显，且区域内变干趋势空间分布较为均匀。从空间分布上看，相对于站点资料，格点资料在研究区域西侧呈现明显的降水减少的趋势（图 3.20），而西部地区站点相对稀疏，这可能是格点资料较站点资料趋势存在明显差异的原因，这种差异在夏季表现最为明显（图 3.21）。

3.3　积雪深度变化

3.3.1　气候特征

藏东南地区全年平均积雪深度约为 0.34 cm。从空间分布看，积雪深度最大值主要位于藏东南的西南部边缘地区，尤其是喜马拉雅山脉南坡，聂拉木平均积雪深度高达 4.56cm，而亚东地区的帕里及错那地区平均积雪深度只有 1.05 cm。藏东南高原腹地大部分地区为高原少雪区，其中中北部局部积雪深度平均在 0.20 ~ 0.40 cm，拉萨周边地区平均积雪深度小于 0.10 cm（图 3.22）。

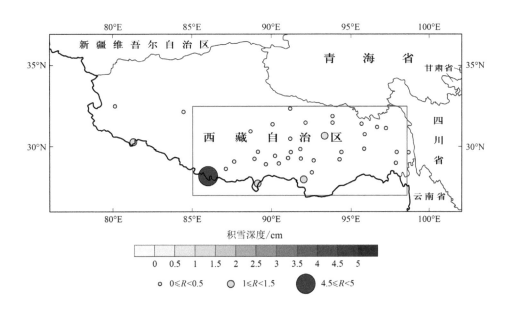

图 3.22　1979 ～ 2020 年藏东南地区积雪深度的气候态
圆点为有人站的资料结果（藏东南地区有 33 个站）；红色框表示藏东南地区；R 表示积雪深度，下同

　　从藏东南地区逐月积雪深度变化看，该地区月际差异较为明显。其中，4 ～ 11 月该地积雪深度较浅，平均为 0.1cm。冬半年积雪较深，主要集中在 1 ～ 3 月，其中 2 月积雪最深，可达 1cm；夏半年积雪平均不足 0.2 cm，8 月最少，接近于 0（图 3.23）。从逐月积雪深度的空间分布情况来看，从 12 月开始，藏东南大部分地区积雪深度开始逐渐增强，积雪深度最大的地区主要出现在藏东南的西南部地区，1 ～ 2 月这些地区局地积雪可超过 15 cm（图 3.24）。

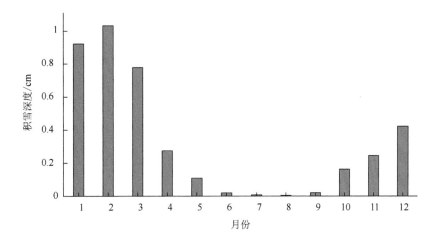

图 3.23　1979 ～ 2020 年藏东南地区逐月平均积雪深度

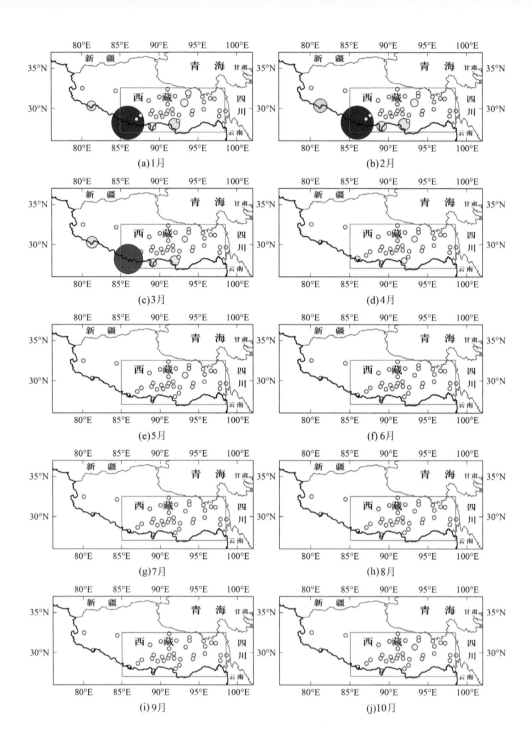

(a)1月

(b)2月

(c)3月

(d)4月

(e)5月

(f)6月

(g)7月

(h)8月

(i)9月

(j)10月

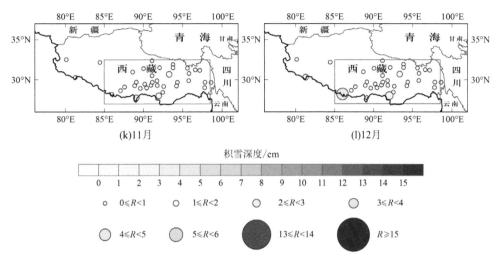

图 3.24　1979 ～ 2020 年藏东南地区逐月平均积雪深度分布
圆点为有人站的资料结果

　　从季节演变看，春、夏、秋、冬四季平均积雪深度分别为 0.39cm、0.01cm、0.14cm、0.82cm，冬春积雪较深，积雪较深的地区主要位于藏东南的西南部边缘地区，尤其是喜马拉雅山脉南坡，其中聂拉木冬季积雪深度 12.90 cm，是藏东南四季中积雪深度最大的地方，高原腹地积雪较浅（图 3.25）。

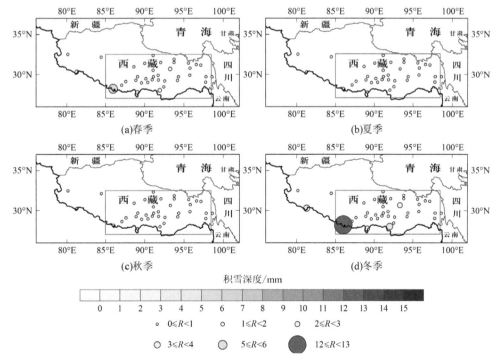

图 3.25　1979 ～ 2020 年藏东南地区各季节平均积雪深度分布
圆点为有人站的资料结果

3.3.2 年际变率

图 3.26 给出了 1979～2020 年藏东南地区积雪深度年际变率的空间分布。藏东南地区积雪深度年际变率较大的地区位于其西南部与尼泊尔和不丹接壤的区域，其中最显著的地区集中于珠穆朗玛峰附近的聂拉木（高于 5cm），其次出现在亚东的帕里地区（高于 2.5cm），普兰附近积雪深度年际变率相对也较大（高于 1.5cm）。

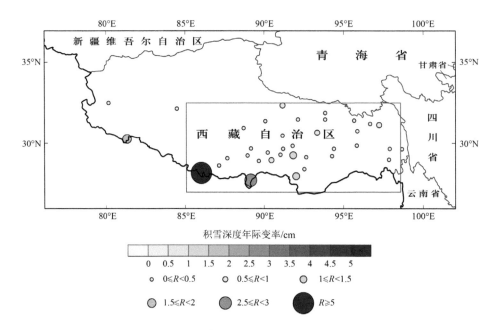

图 3.26　1979～2020 年藏东南地区积雪深度年际变率的空间分布
圆点为有人站的资料结果（藏东南地区有 33 个站）；红色框表示藏东南地区

各个季节藏东南地区积雪深度年际变率空间分布（图 3.27）与年积雪深度空间分布比较一致。值得注意的是，冬季积雪深度年际变率最大（最大可超过 15 cm；位于珠穆朗玛峰聂拉木一带）；其次是春季和秋季；夏季积雪深度年际变率最小，变率的空间分布较为均匀。

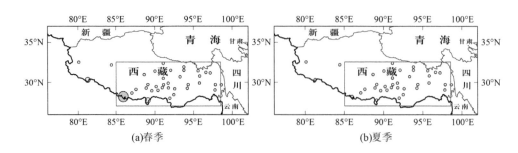

(a)春季　　　　　　　　　　　　　　　(b)夏季

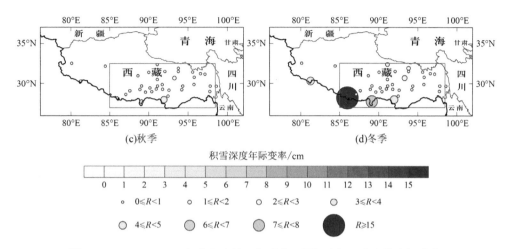

图 3.27 1979 ～ 2020 年藏东南地区各季节积雪深度年际变率的空间分布

圆点为有人站的资料结果

3.3.3 趋势变化

从图 3.28 给出的藏东南地区积雪深度的逐年演变曲线可见，1979 ～ 2020 年藏东南地区积雪呈明显的减少趋势，且年际差异明显，积雪深度在 1989 年最大（约为 1.04 cm），1996 年次之（约 1.00 cm），2016 年积雪深度最小，仅 0.1 cm。积雪深度在 1999 年之后较前一时间段明显偏少，呈现一定的年代际转变特征。

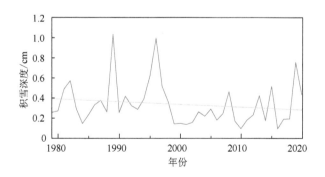

图 3.28 1979 ～ 2020 年藏东南地区积雪深度的逐年变化

灰色直线为线性拟合趋势线

从图 3.29 给出的藏东南地区季节平均积雪深度的逐年变化可见，秋季和冬季平均积雪深度均表现为下降趋势，冬季最为明显，春季和夏季则没有明显的变化趋势，夏季的积雪深度一直很小（小于 0.1 cm）。可见，藏东南地区积雪深度的季节差异非常明显。冬季由于积雪深度最大，对全年积雪贡献较大，对应逐年变化与全年变化特征比较一致。

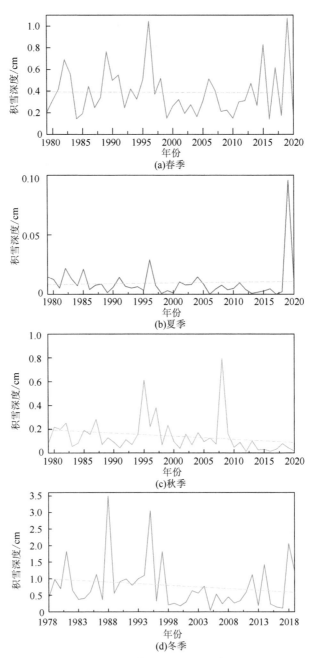

图 3.29 1979～2020 年藏东南地区各季节积雪深度逐年变化

灰色线为线性拟合趋势线

图 3.30 给出了 1979～2020 年藏东南地区年积雪深度线性趋势的空间分布。总体而言，积雪深度在中北部呈现减少趋势、中南部呈现增加趋势。积雪深度减少最显著的区域在中部的嘉黎地区，减少速率为 0.34cm/10a。积雪深度增加量最大的地区为泽当（增加速率为 0.25cm/10a）。

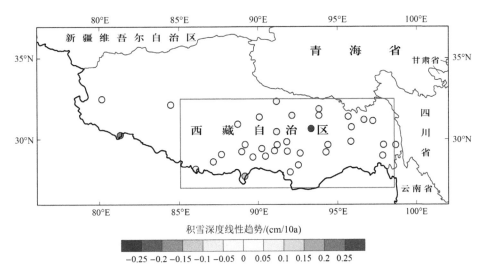

图 3.30　1979 ~ 2020 年藏东南地区积雪深度线性趋势的空间分布

圆点为有人站的观测资料结果（藏东南地区有 33 个站）；红色框表示藏东南地区

藏东南地区各季节积雪深度线性趋势空间分布（图 3.31）与年积雪深度线性趋势空间分布非常一致。冬季变化幅度最大，冬季嘉黎积雪深度减少趋势可达 -0.87 cm/10a；其次是春季和秋季，春季普兰积雪深度增加趋势为 0.51cm/10a；夏季积雪深度变化趋势最小，变化幅度空间分布较为均匀。

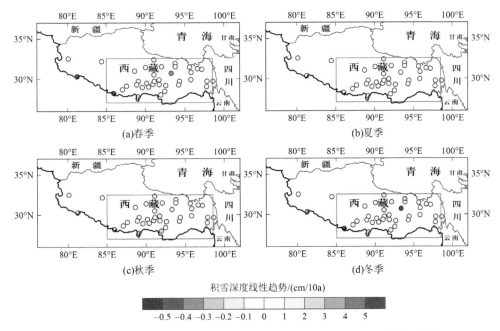

图 3.31　1979 ~ 2020 年藏东南地区各季节积雪深度线性趋势的空间分布

圆点为有人站的资料结果

第 4 章

藏东南地区极端温度和降水事件特征与趋势

4.1 极端温度的变化

4.1.1 极端高温日数

藏东南地区极端高温阈值的空间分布与气温的气候分布特征比较相似，呈现自西北向东南递增的分布规律。其中，东南部地区超过36℃才可以归类为极端高温事件，而在其西北部、北部以及西南部边缘地区则超过20℃就可以归类为极端高温事件（图4.1）。

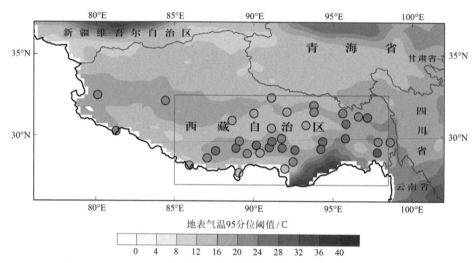

图 4.1　1979～2020 年藏东南地区地表气温 95 分位阈值的空间分布

填色为 CN05.1 格点资料；圆点为有人站的资料结果；蓝色框表示藏东南地区

图4.2 给出了 1979～2020 年藏东南地区极端高温日数的逐年变化曲线。从长期演变趋势来看，站点和格点资料均显示极端高温日数呈现显著增多趋势，上升趋势分别为 3.44d/10a（站点资料）和 3.36d/10a（格点资料）。极端高温日数在 2005 年前后呈现出明显的增加趋势，1979～2020 年接近一半年份的极端高温日数超过了 25 天。其中，极端高温日数最多的年份出现在 2009 年，分别为 40.3 天（站点资料）和 40.2 天（格点资料）。

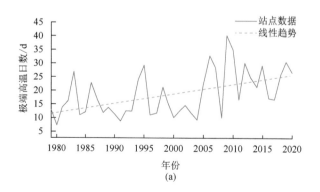

(a)

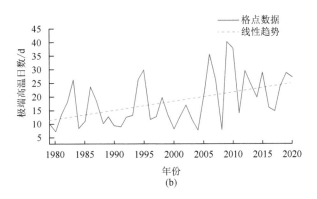

图 4.2 1979 ～ 2020 年藏东南地区逐年平均站点（a）和格点（b）资料的极端高温日数及线性趋势

从极端高温日数线性趋势的空间分布来看（图 4.3），整个西藏地区 1979 ～ 2020 年的极端高温日数均呈现显著的增多趋势。藏东南地区的极端高温日数增多幅度大于藏西地区（85°E 以西）。其中，藏东南中部地区增多最为显著。错那站点增多最多，趋势为 6.7d/10a。

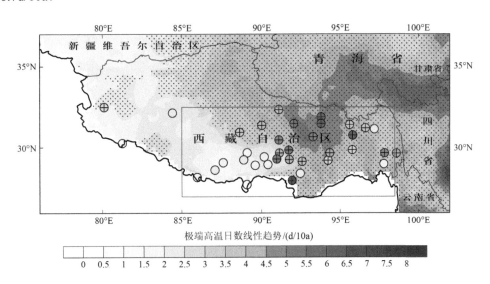

图 4.3 1979 ～ 2020 年藏东南地区极端高温日数线性趋势的空间分布

填色为格点资料；大圆圈为有人站的资料结果；小黑点表示通过 95% 信度检验；"+"标志表示该站点数据趋势变化超过 95% 显著性水平

4.1.2 冰冻日数

图 4.4 给出了藏东南地区冰冻日数的逐年变化曲线。伴随着温度的整体升高，冰

冻日数在 1979 ～ 2020 年呈现持续减少的趋势，减少趋势分别为 2.80d/10a（站点资料）和 5.73d/10a（格点资料）。冰冻日数与冬季地表气温变化联系紧密，在 2005 年前后呈现出了明显的减少。其中，冰冻日数最少的年份出现在 2006 年，分别为 9.2 天（站点资料）和 30.7 天（格点资料）。

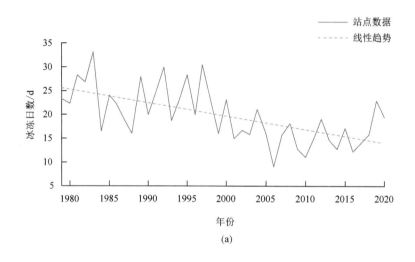

(a)

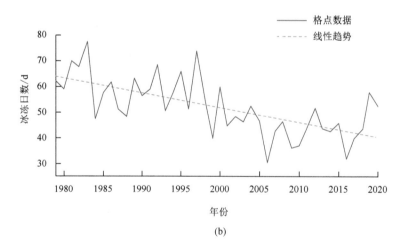

(b)

图 4.4 1979 ～ 2020 年藏东南地区逐年平均站点 (a) 和格点 (b) 资料的冰冻日数及线性趋势

从冰冻日数线性趋势的空间分布来看（图 4.5），青藏高原绝大多数地区 1979 ～ 2020 年的冰冻日数均呈现减少的趋势，高原中部地区减少较为明显。在藏东南的北部地区，冰冻日数减少最为显著。其中，那曲站点减幅最大，趋势为 -9.4d/10a。此外，藏东南东南侧地区的冰冻日数在格点资料中呈现略微的增多趋势。

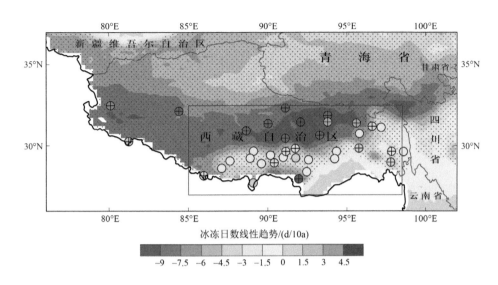

图 4.5 1979 ～ 2020 年藏东南地区冰冻日数线性趋势的空间分布
填色为格点资料；大圆圈为有人站的资料结果；小黑点表示通过 95% 信度检验；"+"标志表示该站点数据趋势变化超过 95% 显著性水平

4.1.3 霜冻日数

图 4.6 给出了 1979 ～ 2020 年藏东南地区霜冻日数的年际变化曲线。两套资料均显示，霜冻日数呈现了明显的减少趋势，其减少趋势大于冰冻日数减少趋势；减少趋势分别为 −5.79d/10a（站点资料）和 −6.60d/10a（格点资料）。藏东南地区的霜冻日数在 1998 年前后呈现出了明显的减少。其中，霜冻日数最少的年份出现在 2010 年（170.8 天，站点资料）和 2017 年（218.5 天，格点资料）。

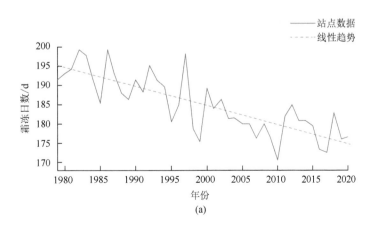

(a)

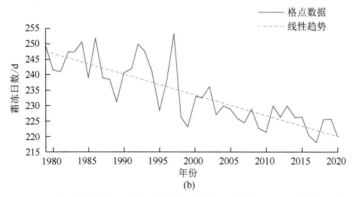

图 4.6 1979～2020 年藏东南地区逐年平均站点（a）和格点（b）资料的霜冻日数及线性趋势

从霜冻日数线性趋势的空间分布来看（图 4.7），整个青藏高原地区 1979～2020 年的霜冻日数均呈现减少的趋势，高原北部地区减少较为明显，高于藏东南地区。格点资料显示在藏东南的北部地区，霜冻日数减少较为显著，部分地区减少超过了 10d/10a。其中，那曲站点减幅最大，趋势为 −11.2d/10a。

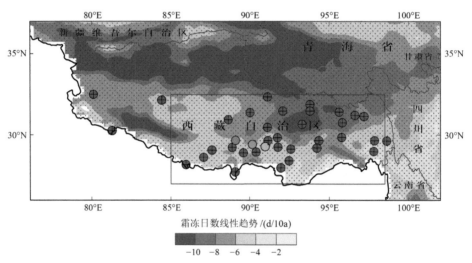

图 4.7 1979～2020 年藏东南地区霜冻日数线性趋势的空间分布
填色为格点资料；大圆圈为有人站的资料结果；小黑点表示通过 95% 信度检验；"+"标志表示该站点数据趋势变化
超过 95% 显著性水平

4.2 极端降水的变化

4.2.1 多降水日数

图 4.8 给出了 1979～2020 年藏东南地区降水 95 分位阈值空间分布。多降水的阈

值分布总体与夏季降水年际变率的空间部分比较相似，阈值大值主要分布在雅鲁藏布江沿岸地区。藏东南地区的多降水阈值较高原其他地区偏高。

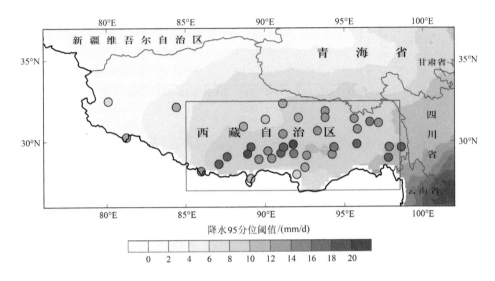

图 4.8　1979 ~ 2020 年藏东南地区降水 95 分位阈值空间分布
填色为格点资料；圆点为有人站的资料结果；红色框表示藏东南地区

多降水日数的定义为每年的日降水量大于 95 分位阈值的天数。图 4.9 给出了 1979 ~ 2020 年藏东南地区多降水日数的逐年变化序列。两套资料的多降水日数都表现出明显的年际变化，多降水日数最多的年份为 1998 年（站点超过了 8 天）。与之前平均降水的变化类似，格点资料降水的长期趋势及在 2011 年之后的变化呈现出一定的资料不确定性，导致其可信度降低，呈现出与站点不一致甚至相反的变化特征。站点资料的多降水日数趋势变化略有增加，趋势为 0.16d/10a。

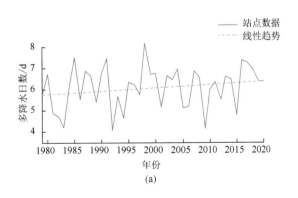

(a)

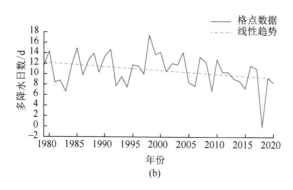

图 4.9 1979～2020 年藏东南地区逐年平均站点 (a) 和格点 (b) 资料的多降水日数及线性趋势

从多降水日数线性趋势的空间分布来看（图 4.10），1979～2020 年藏东南地区呈现明显的地域差异，西部地区（站点资料）多降水日数增加明显，增多最多的站点是错那，趋势为 0.9d/10a。藏东南东部地区多以降水日数减少为主。

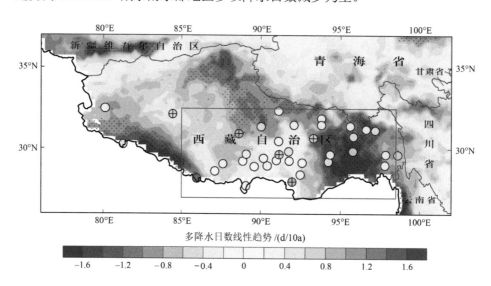

图 4.10 1979～2020 年藏东南地区多降水日数线性趋势的空间分布
填色为格点资料；大圆圈为有人站的资料结果；小黑点表示通过 95% 信度检验；"＋"标志表示该站点数据趋势变化超过 95% 显著性水平

4.2.2 中降水日数

中降水日数的定义为每年的日降水量处于 50～95 分位阈值的天数。图 4.11 给出了 1979～2020 年藏东南地区中降水日数的逐年变化序列。两套资料的中降水日数均呈现出明显的增加趋势，其中站点资料的增加趋势为 0.6d/10a，格点资料为

0.49d/10a。与之前平均降水和多降水的变化类似，格点资料降水的长期趋势及在2011 年之后的变化呈现出一定的资料不确定性，导致其可信度降低，呈现出与站点不一致的年际变化特征。由于格点资料的不确定性，有些年份甚至超过了 140 天的中降水日数。

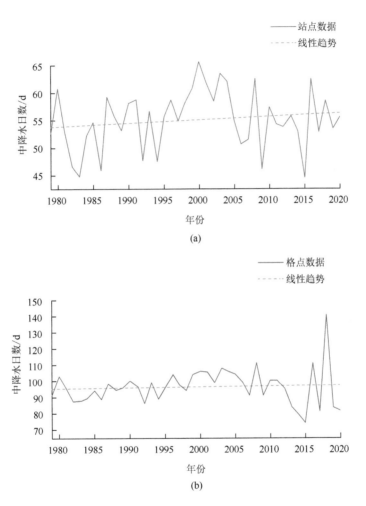

图 4.11　1979 ～ 2020 年藏东南地区逐年平均站点（a）和格点（b）资料的中降水日数及线性趋势

从中降水日数线性趋势的空间分布来看（图 4.12），藏东南地区中降水日数呈现一定的地域差异。站点资料显示，藏东南西部地区中降水日数主要呈现增多的趋势变化，藏东南西部则以减少为主，藏东南东北部大部分地区中降水日数增多。

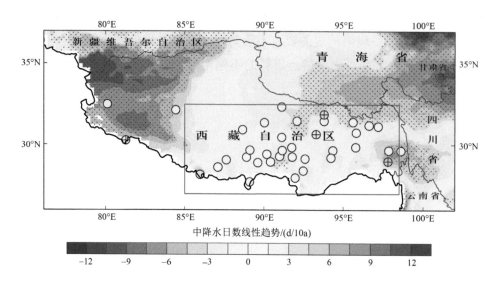

图 4.12　1979～2020 年藏东南地区中降水日数线性趋势的空间分布

填色为格点资料；大圆圈为有人站的资料结果；小黑点表示通过 95% 信度检验；"+"标志表示该站点数据趋势变化超过
95% 显著性水平

4.2.3　少降水日数

少降水日数的定义为每年的日降水量小于 1 mm 的天数。图 4.13 给出了 1979～2020 年藏东南地区少降水日数的逐年变化序列。站点资料的少降水日数呈现明显的年代际变化特征，1995 年之前偏多，1995～2005 年偏少，2005 年以后又增多。总体上呈现出一定的减少趋势，为 −0.7d/10a。格点资料在 2011 年之前亦呈现弱的减少趋势，但 2011 年之后由于资料的不确定性，导致整个序列呈现增加趋势。

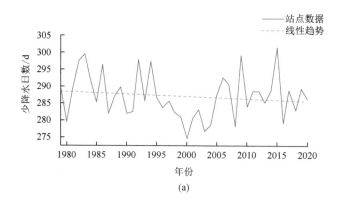

(a)

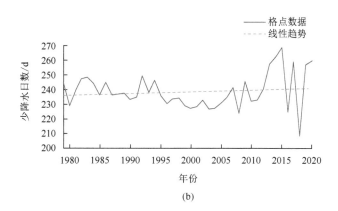

图 4.13　1979～2020 年藏东南地区逐年平均站点（a）和格点（b）资料的
少降水日数及线性趋势

　　从站点资料少降水日数线性趋势的空间分布来看（图 4.14），绝大多数藏东南地区少降水日数在 1979～2020 年均表现出减少的趋势。这种减少的趋势在藏东南北部地区最为明显。格点资料的少降水日数仅在藏东南中部和北部地区呈现一定的减少趋势。

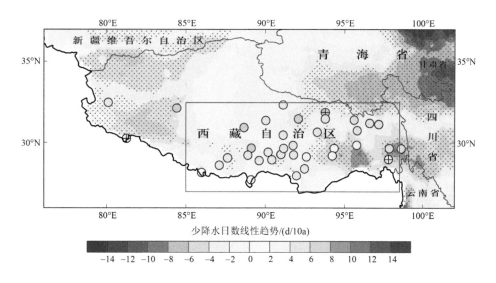

图 4.14　1979～2020 年藏东南地区少降水日数线性趋势的空间分布
填色为格点资料；大圆圈为有人站的资料结果；小黑点表示通过 95% 信度检验；"+"标志表示该站点数据趋势变化超过
95% 显著性水平

第 5 章

西风 - 季风协同作用与藏东南地区
气候变化的联系

5.1　温度变化相关的西风－季风变化特征

图 5.1 分别给出了 1979 ～ 2020 年藏东南地表气温回归的 200hPa、500hPa 和 850hPa 风场异常。藏东南地区主要受对流层中高层的反气旋环流异常影响。反气旋环流异常经常对应辐合下沉异常气流，有助于气温的升高。另外，对流层中高层的环流异常在北半球非洲北部和欧亚大陆呈现明显的波列状分布，类似于全球遥相关或者"丝绸之路"遥相关的分布特征（Lu et al.，2002；Enomoto et al.，2003；Ding and Wang，2005），非洲北部和欧洲中部为反气旋异常，在中西亚地区为气旋式环流异常，呈现正压分布特征。藏东南地区温度变化对应的对流层低层 850hPa 环流异常相对偏弱。印度、孟加拉湾和阿拉伯海北部地区 20°N 附近有东风异常，海洋性大陆东侧为东风异常，西侧为西风异常，对应显著的低层辐合。

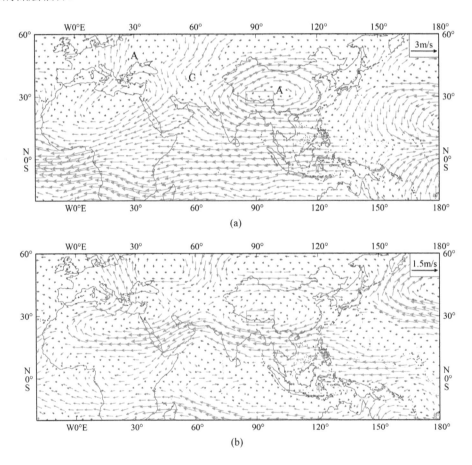

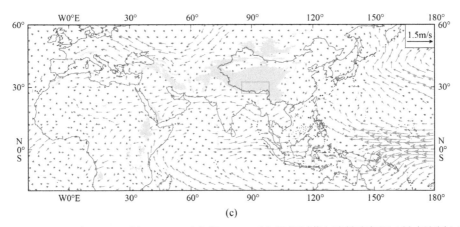

(c)

图 5.1　1979～2020 年 200hPa(a)、500hPa(b) 和 850hPa(c) 风场对藏东南地表气温（站点资料）标准化时间序列的回归场

灰色填色表示地形覆盖；蓝色箭头表示超过 95% 显著性水平；A 表示反气旋；C 表示气旋

　　与藏东南地表气温相关的海温异常呈现为印度洋、大西洋、西太平洋显著的暖海温异常，以及赤道中东太平洋的冷海温异常 [图 5.2(a)]。这种海温异常叠加气候态海温分布，驱使低层（高层）风场异常在海洋性大陆附近辐合（辐散）（图 5.1），造成了海洋性大陆附近显著的正降水异常 [图 5.2(b)]。海洋性大陆附近正降水异常的罗斯贝（Rossby）波响应有助于中高层反气旋异常，进而影响藏东南地表气温。

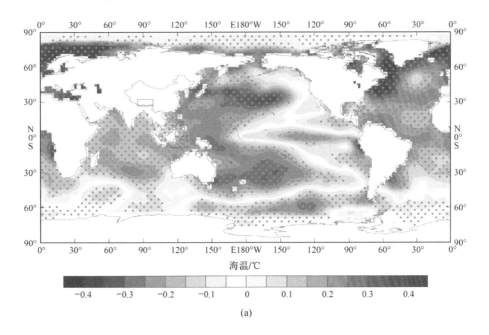

海温/℃

-0.4　-0.3　-0.2　-0.1　0　0.1　0.2　0.3　0.4

(a)

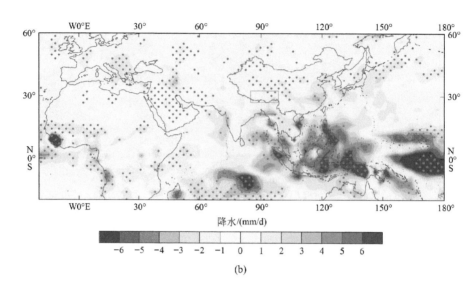

(b)

图 5.2 1979 ～ 2020 年海温（a）和降水（b）对藏东南地表气温（站点资料）
标准化时间序列的回归场
灰点表示超过 95% 显著性水平

与温度相关的环流异常在不同季节的表现略有不同（图 5.3 和图 5.4）。在对流层中高层，春季和冬季时的藏东南地表气温的环流分布与年平均类似，在高原上空为反气旋式环流异常，北半球亚洲和非洲北部一带呈现波列状分布，中高纬度欧亚大陆波列偏弱。秋季的波列状分布偏弱，以南北纬向均匀分布的环流异常为主。夏季的中高层环流分布也有所不同，主要呈现在欧亚大陆的波列分布，为"丝绸之路"遥相关的波列特征，非洲北部的高层环流异常偏弱，高原上层对应东风异常，其西北侧为反气旋式环流异常。在 500hPa，高原西侧对应来自阿拉伯海和印度的南风异常，东侧对应反气旋式辐合异常。在对流层低层 850hPa，与温度相关的环流异常差异更加明显。春季、秋季和冬季的海洋性大陆东侧为东风异常，西侧为西风异常，对应显著的低层辐合。海洋性大陆的环流辐合在夏季偏弱。夏季温度偏高的年份，对应孟加拉湾地区有偏南风异常，在印度北部转为偏东风异常；西太平洋菲律宾海地区对应反气旋式环流异常和西太平洋副热带高压的偏强，这说明夏季高原的低层环流与亚洲季风活动密切联系。

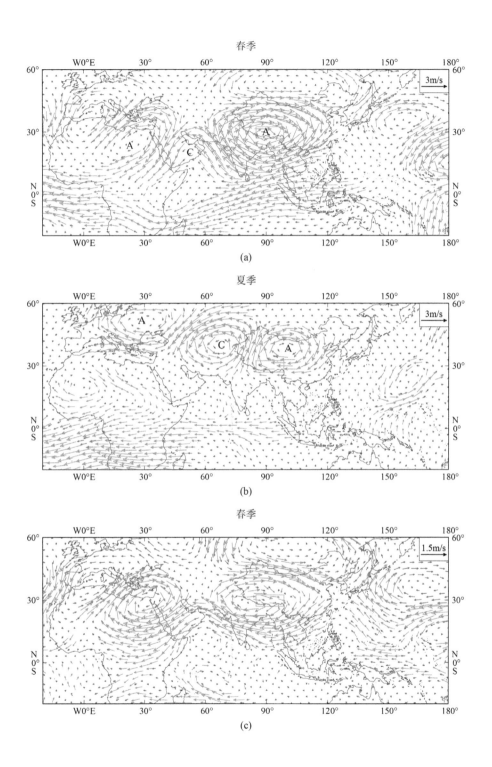

春季

(a)

夏季

(b)

春季

(c)

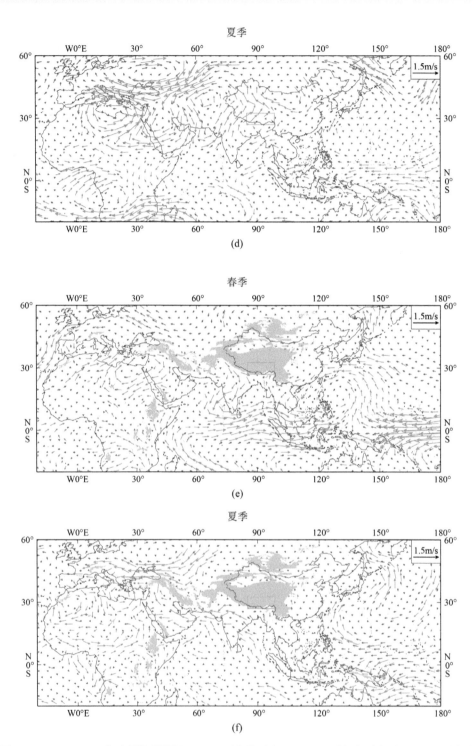

图 5.3 1979 ～ 2020 年春季和夏季的 200hPa[（a）和（b）]、500hPa[（c）和（d）]和 850hPa[（e）和（f）]
风场对藏东南地表气温（站点资料）标准化时间序列的回归场
灰色填色表示地形覆盖；蓝色箭头表示超过 95% 显著性水平；A 表示反气旋；C 表示气旋

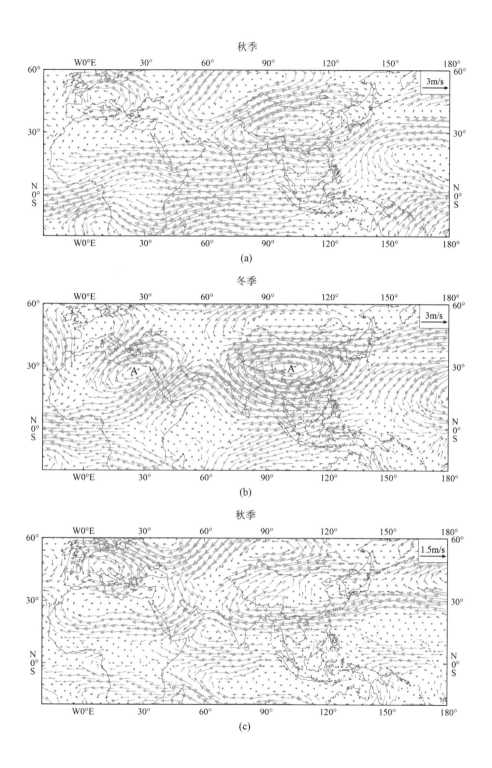

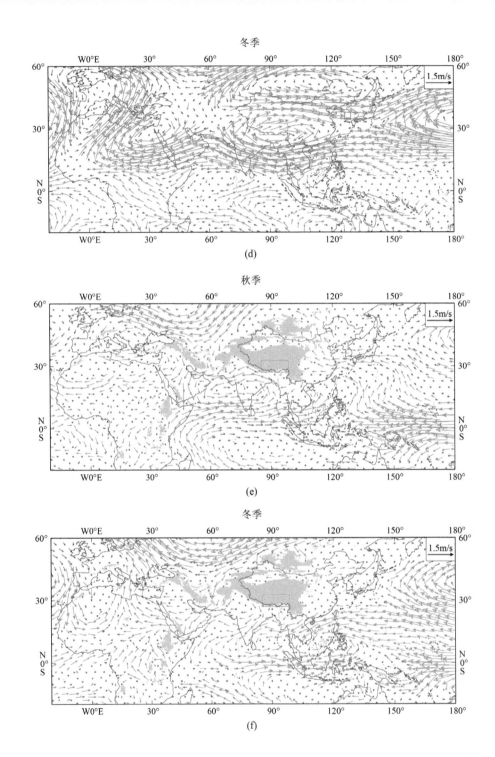

图 5.4　1979～2020 年秋季和冬季的 200hPa[（a）和（b）]、500hPa[（c）和（d）] 和 850hPa[（e）和（f）]
风场对藏东南地表气温（站点资料）标准化时间序列的回归场

灰色填色表示地形覆盖；蓝色箭头表示超过 95% 显著性水平；A 表示反气旋

　　与高原温度变化联系的降水和海温场在不同季节呈现较为一致的变化特征（图 5.5 和图 5.6）。整个西太平洋、热带印度洋和大西洋地区均呈现显著的暖海温异常，热带太平洋地区为 La Niña 型的海温分布特征，这与全球变暖背景下整个海温型的分布特征一致。伴随着印度洋－太平洋显著的纬向海温梯度，海洋性大陆附近低层辐合、高层辐散和正降水异常。相对而言，春季印度洋地区暖海温异常不太显著；夏季对应的赤道中东太平洋冷海温异常偏弱，海洋性大陆附近的风场和降水异常也随之偏弱。

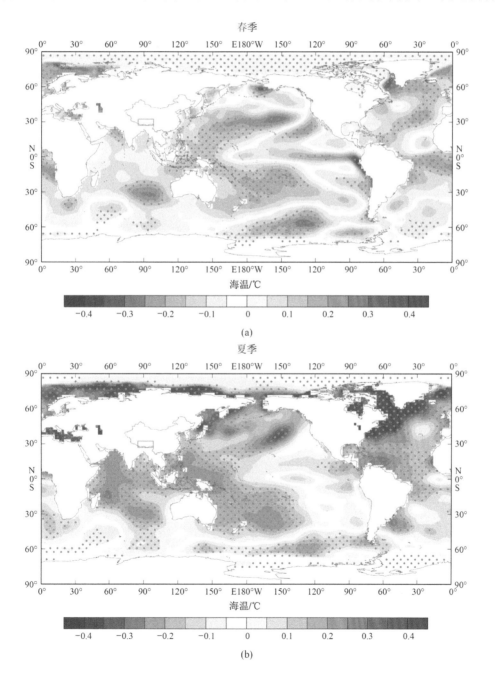

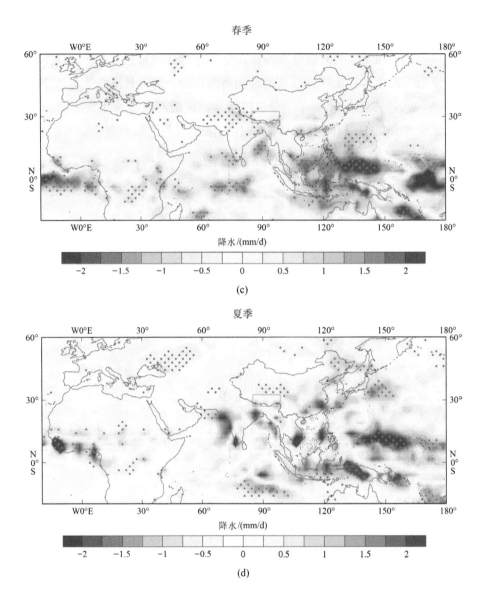

图 5.5   1979 ～ 2020 年春季和夏季的海温 [(a) 和 (b)] 和降水 [(c) 和 (d)] 对藏东南地表气温（站点
资料）标准化时间序列的回归场

灰点表示超过 95% 显著性水平

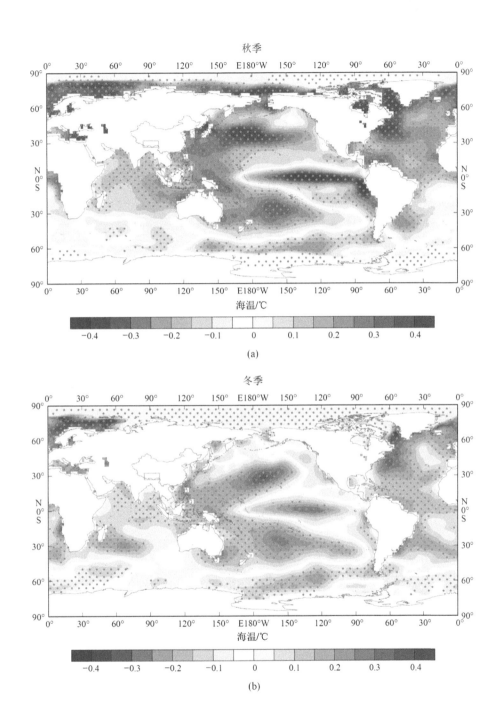

(a)

(b)

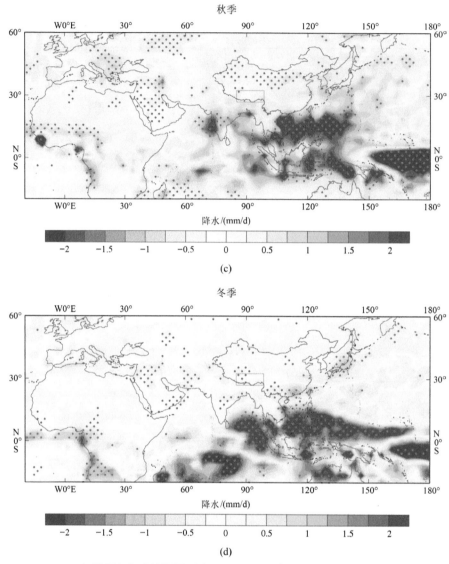

图 5.6 1979～2020 年秋季和冬季的海温 [(a) 和 (b)] 和降水 [(c) 和 (d)] 对藏东南地表气温（站点资料）标准化时间序列的回归场

灰点表示超过 95% 显著性水平

5.2 降水变化相关的西风－季风变化特征

图5.7给出1979～2020年藏东南地区降水回归的200hPa、500hPa和850hPa风场异常。藏东南地区主要受对流层中高层偏北风异常的影响。对流层中高层沿着40°N的西风带有明显的西风异常，以纬向的带状分布为主。在藏东南北侧转为北风异常，对应南亚高压偏强，这有利于沿着西风带的冷空气活动和高原地区的异常水汽辐合，对应降水偏多。此外，

对流层中高层环流异常在西北太平洋 - 东亚地区有明显的南北向波列分布特征，对应西北太平洋地区低层有反气旋式环流异常分布，孟加拉湾地区有显著的南风异常，南海地区有东风异常。低层环流的分布特征有助于南海和孟加拉湾更多的水汽输送至藏东南地区。

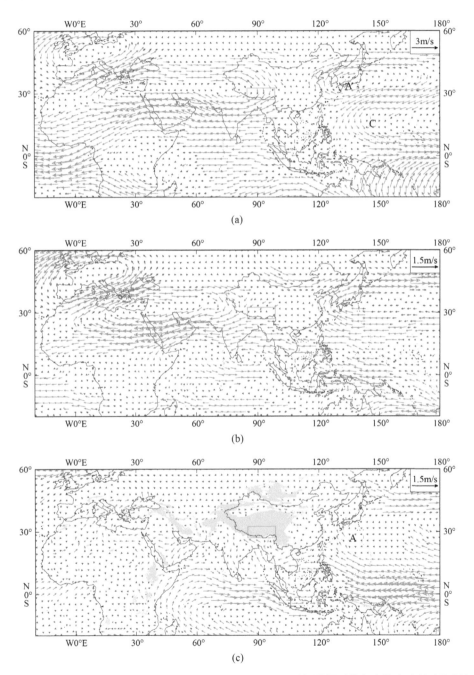

图 5.7　1979 ～ 2020 年 200hPa（a）、500hPa（b）和 850hPa（c）风场对藏东南降水（站点资料）标准化时间序列的回归场

灰色填色表示地形覆盖；蓝色箭头表示超过 95% 显著性水平；A 表示反气旋；C 表示气旋

与藏东南降水相关的海温异常呈现为大西洋和西太平洋显著的暖海温异常，以及赤道中东太平洋的冷海温异常（图 5.8）。其中，热带太平洋的海温异常呈现 La Niña 型的空间分布。另外，藏东南地区的降水与印度和中亚大部分地区的降水呈现一定的反相关关系，与海洋性大陆和东印度洋附近的对流活动密切联系。藏东南地区降水偏多时，该地区及南侧以水汽辐合为主，对应南侧来自孟加拉湾和副高外围明显偏强的水汽输送。

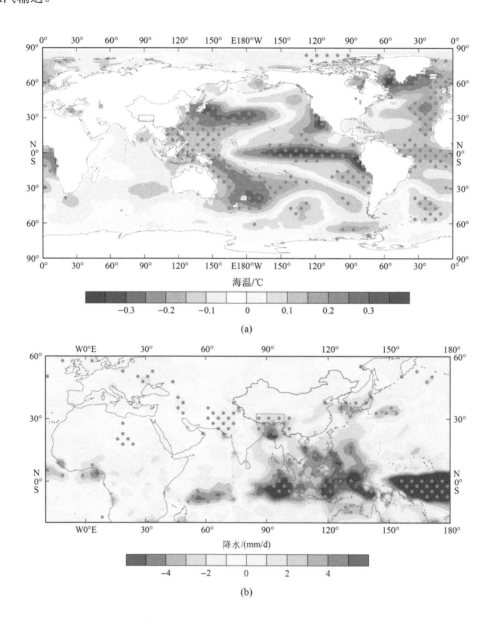

海温/℃

(a)

降水/(mm/d)

(b)

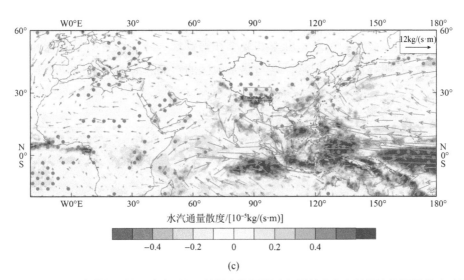

(c)

图 5.8　1979 ～ 2020 年海温（a）、降水（b）、整层水汽通量（矢量箭头）和整层水汽通量散度（填色）
（c）对藏东南地区降水（站点资料）标准化时间序列的回归场
灰点表示超过 95% 显著性水平；蓝色箭头表示超过 95% 显著性水平

　　热带中东太平洋地区的海温异常可以通过沃克环流与海洋性大陆和东印度洋的海温异常相互联系，驱动低层（高层）风场异常在海洋性大陆和东印度洋附近辐合（辐散），一方面可以通过对流活动直接激发高原东南侧异常的反气旋环流，另一方面也有助于西北太平洋异常反气旋的维持，对应西太平洋副热带高压偏西偏强，有利于孟加拉湾北侧的偏南风增强（Li et al.，2018；Hu et al.，2021）（图 5.7），更多的水汽进入高原东南部，使得高原上空的水汽辐合，降水偏多 [图 5.8（c）]。此外，北大西洋海温异常与北大西洋涛动密切联系，可以通过激发欧亚大陆的遥相关波列，调制南亚高压纬向位置和高原地区的异常水汽垂直输送，进而对高原气候产生重要影响（Cen et al.，2020；Ma et al.，2021）。

　　与藏东南地区降水相关的环流异常在不同季节呈现较为显著的差异（图 5.9 和图 5.10）。春季、夏季和秋季，在对流层高层，藏东南地区降水主要与其北侧的北风异常相联系，都对应沿欧亚大陆明显的罗斯贝波列响应的环流分布，但波列的空间分布位置和强度存在一定的差异。夏季藏东南上空西侧为反气旋式环流，对应南压高压偏强偏东，欧亚大陆呈现明显的"丝绸之路"遥相关型的波列分布（Lu et al.，2002；Enomoto et al.，2003；Ding and Wang，2005），有助于高原地区的异常水汽辐合和降水增多。与夏季环流的分布形式明显不同，冬季时，与藏东南降水相关的环流异常在中高层呈现气旋式异常，主体位于高原上空，有助于高原偏强的垂直上升运动。冬季高原降水相关的环流形势可能与冬季风和北极涛动协同作用，进而影响高原地区降水异常（刘胜胜等，2021）。对流层中层的环流异常在中高纬度地区与高层环流分布形态相似，呈现正压结构，但异常强度偏弱。在对流层低层，高原地区降水偏多的年份都对应明显的风场辐合。春季和秋季有来自孟加拉湾到印度北部的南风输送，夏季则主要对应阿拉伯海到印度北部的西风异常。另外，春季和夏季在海洋性大陆地区有明显的东西风场的辐合，而在冬季有明显的辐散异常，这与热带地区的对流和海温异常活动相对应。

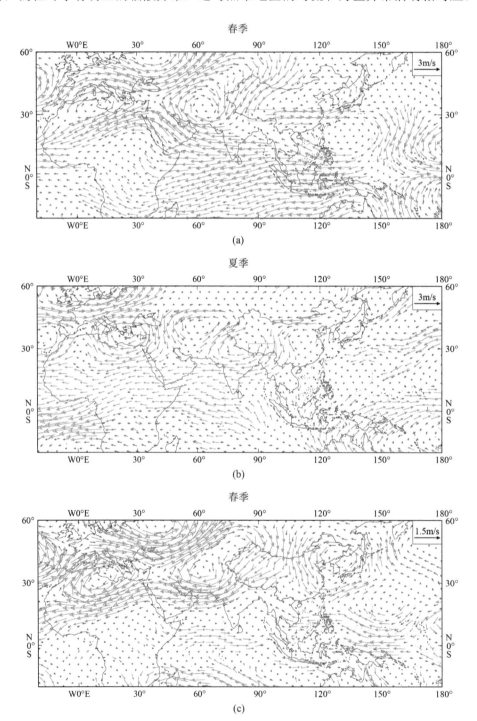

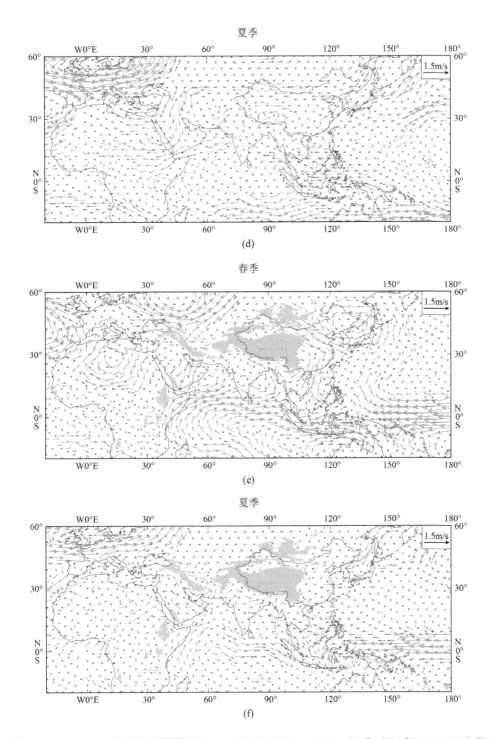

图 5.9　1979 ～ 2020 年春季和夏季的 200hPa[（a）和（b）]、500hPa[（c）和（d）]和 850hPa[（e）和（f）]
风场对藏东南降水（站点资料）标准化时间序列的回归场
灰色填色表示地形覆盖；蓝色箭头表示超过 95% 显著性水平

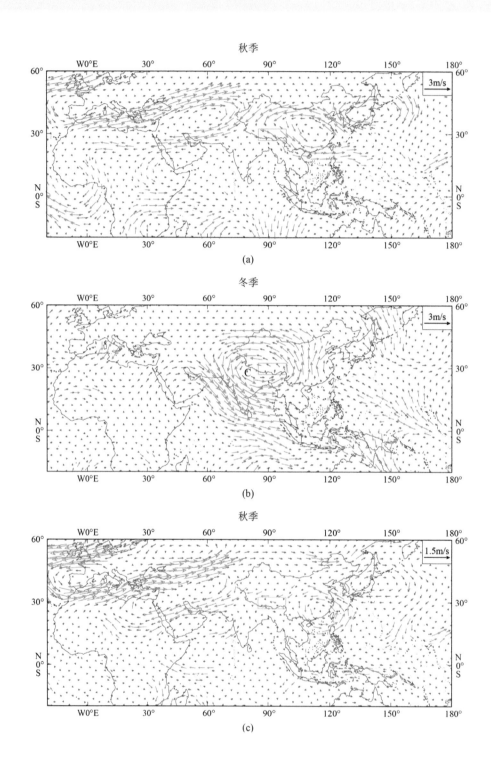

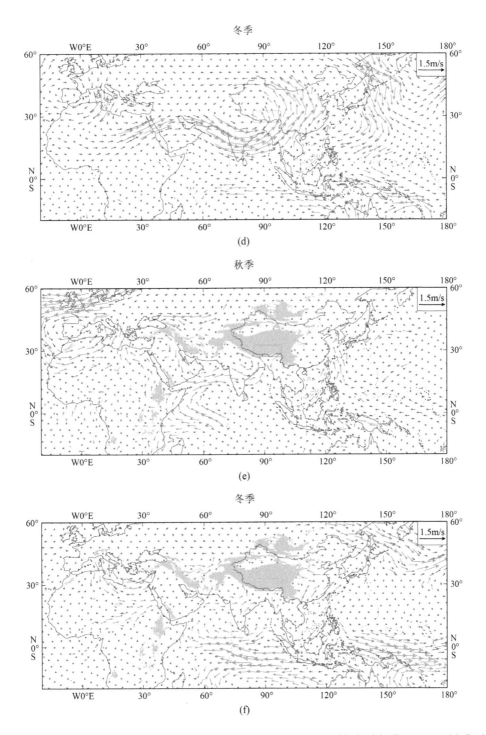

冬季

秋季

冬季

图 5.10　1979 ~ 2020 年秋季和冬季的 200hPa[(a) 和 (b)]、500hPa[(c) 和 (d)] 和 850hPa[(e) 和 (f)] 风场对藏东南降水（站点资料）标准化时间序列的回归场

灰色填色表示地形覆盖；蓝色箭头表示超过 95% 显著性水平；C 表示气旋

与藏东南地区降水相关的海温和降水在不同季节也呈现较为显著的差异（图5.11和图5.12）。藏东南地区春季降水主要与中南半岛、孟加拉湾、西印度洋和海洋性大陆附近地区降水异常呈现正相关，夏季则主要与海洋性大陆和高原南侧的降水同步变化。春季和夏季海温的空间分布比较一致，在热带太平洋地区呈现La Niña型的分布特征，

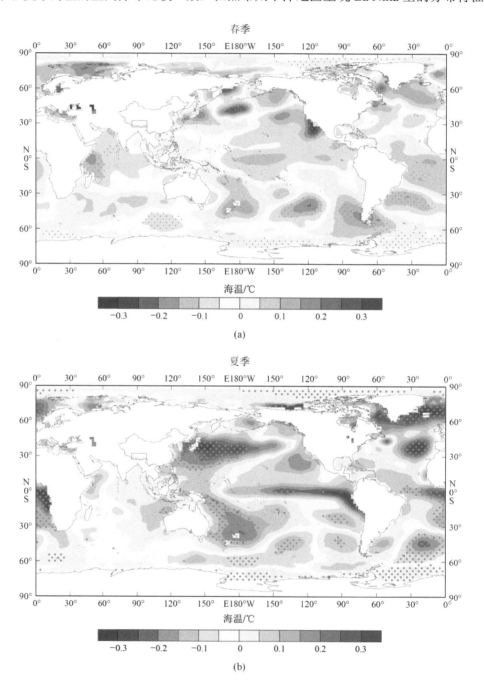

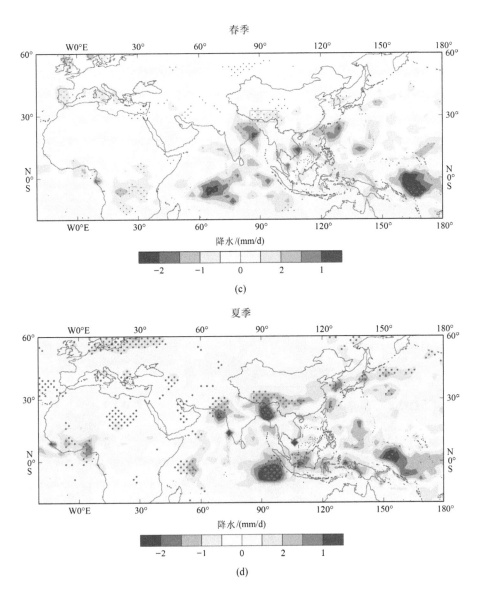

图 5.11　1979 ～ 2020 年春季和夏季的海温 [（a）和（b）] 和降水 [（c）和（d）] 对藏东南降水（站点资料）
标准化时间序列的回归场
灰点表示超过 95% 显著性水平

海洋性大陆附近和北大西洋地区也呈现暖海温异常（图 5.11）。海洋性大陆地区附近的暖
海温对应明显的正降水异常，对流活动偏强，与印度洋和西太平洋地区的低层环流相匹
配（图 5.9）。秋季，与藏东南地区降水变化对应的海温和降水异常与夏季的分布特征相似，
但异常强度相对偏弱（图 5.12）。冬季对应北冰洋地区有明显的海温异常，可能与和北极
涛动有关，影响高原降水地区异常（刘胜胜等，2021）。冬季对应的热带海温异常较弱，
海洋性大陆地区海温和降水为负异常，与对流层低层的辐散环流异常相对应。

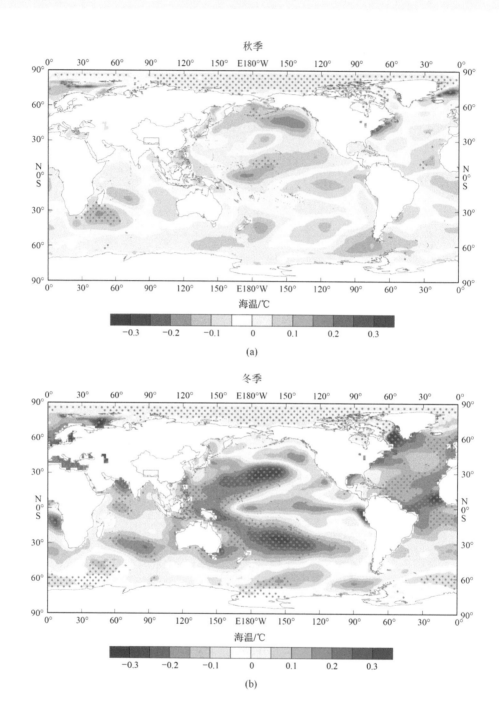

秋季

海温/℃

(a)

冬季

海温/℃

(b)

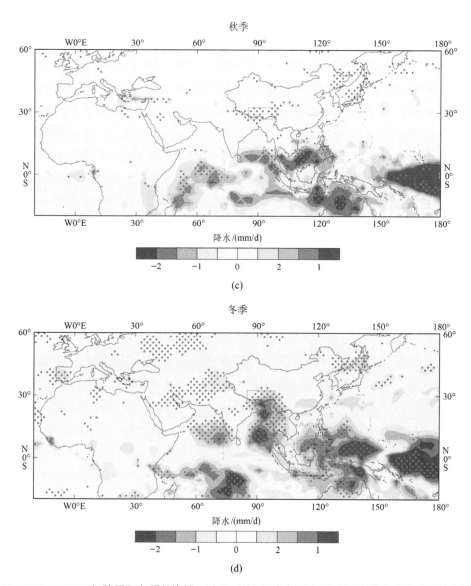

图 5.12 1979～2020 年秋季和冬季的海温 [(a) 和 (b)] 和降水 [(c) 和 (d)] 对藏东南降水（站点资料）
标准化时间序列的回归场
灰点表示超过 95% 显著性水平

5.3 极端温度相关的西风 - 季风变化特征

5.3.1 极端高温日数

图 5.13 给出了 1979～2020 年与藏东南地区极端高温日数对应的环流异常。极端

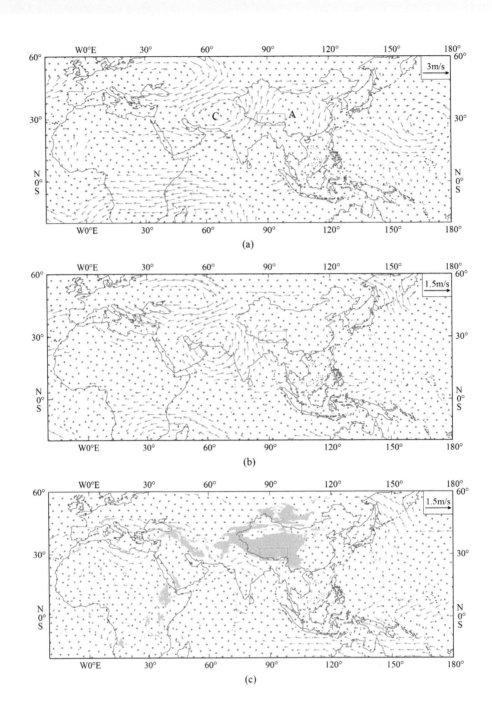

图 5.13　1979 ～ 2020 年 200hPa（a）、500hPa（b）和 850hPa（c）风场对藏东南地区极端高温日数（站点资料）标准化时间序列的回归场

灰色填色表示地形覆盖；蓝色箭头表示超过 95% 显著性水平；A 表示反气旋；C 表示气旋

高温日数偏多的年份，藏东南地区上层的环流（200hPa 和 500hPa）均对应反气旋式环流异常。反气旋环流异常经常对应着辐合下沉异常气流，从而有助于极端高温事件的发生。除了青藏高原上层延伸至整个中国中部的反气旋式环流异常，对流层中高层环流在欧亚大陆呈现类似"丝绸之路"遥相关的波列状分布，欧洲西部为反气旋异常，在中亚地区为气旋式环流异常，呈现正压分布特征。在对流层低层 850hPa，极端高温日数偏多的年份，环流异常偏弱，对应印度地区有偏南风异常，在印度北部转为偏东风异常；西太平洋菲律宾海地区对应弱的反气旋式环流异常。

　　从海温场的分布来看 [图 5.14（a）]，藏东南地区极端高温日数偏多的年份，整个西太平洋、热带印度洋和大西洋地区均呈现显著的暖海温异常。这种海温分布型与极端高温日数长期趋势上的持续增多相对应。从降水场上来看 [图 5.14（b）]，极端高温日数偏多的年份，我国东部大部分季风区、印度季风区降水偏多，青藏高原上空和西太平洋菲律宾海地区降水偏少。降水的空间分布与低层环流分布对应较好。青藏高原上空降水偏少有利于极端高温日数的增多。

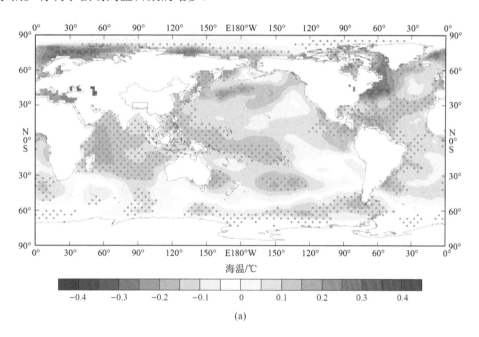

(a)

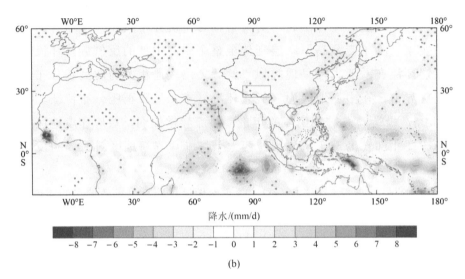

降水/(mm/d)

(b)

图 5.14　1979 ～ 2020 年海温（a）和降水（b）对藏东南地区极端高温日数（站点资料）
标准化时间序列的回归场
灰点表示超过 95% 显著性水平

5.3.2　冰冻日数

图 5.15 给出了 1979 ～ 2020 年与藏东南地区冰冻日数对应的环流异常。在冰冻日数偏多的年份，青藏高原上空对流层中高层表现为气旋式环流异常，表明南亚高压明显偏弱。沿着 30°N 出现类似"丝绸之路"遥相关的分布特征，南侧对应明显的西风异常，呈现正压分布特征。在对流层低层，冰冻日数增多的年份对应印度洋东部和海洋性大陆地区为东风异常，印度一带为西风异常，南海和菲律宾地区出现反气旋式环流异常。

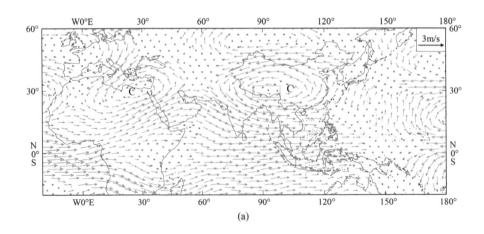

(a)

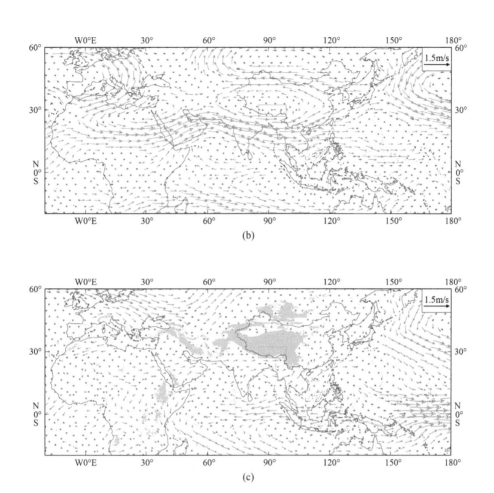

图 5.15　1979 ～ 2020 年 200hPa（a）、500hPa（b）和 850hPa（c）风场对藏东南地区冰冻日数（站点资料）标准化时间序列的回归场

灰色填色表示地形覆盖；蓝色箭头表示超过 95% 显著性水平；C 表示气旋

从海温场的分布来看 [图 5.16（a）]，藏东南地区冰冻日数偏多的年份，整个西太平洋、热带印度洋和大西洋地区均呈现显著的冷海温异常，东太平洋呈现冷海温异常。这种海温分布型与冰冻日数长期趋势上的持续减少相对应。从降水场上来看 [图 5.16（b）]，冰冻日数偏多的年份，高原地区降水略偏少，海洋性大陆、南海、菲律宾和中南半岛地区的降水偏少。

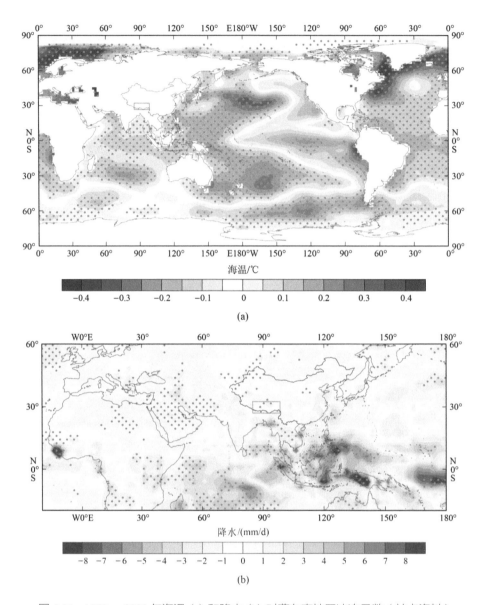

图 5.16　1979 ～ 2020 年海温（a）和降水（b）对藏东南地区冰冻日数（站点资料）标准化时间序列的回归场

灰点表示超过 95% 显著性水平

5.3.3　霜冻日数

图 5.17 给出了 1979 ～ 2020 年与藏东南地区霜冻日数对应的环流异常。在霜冻日数偏多的年份，高原上空对流层高层表现为气旋式环流异常，表明南亚高压明显偏弱，与冰冻日数的偏多年份表现类似；但在中层 500hPa 对应的环流异常相对偏弱；高低层

环流在 20°N 附近均有西风异常；在对流层低层，热带西太平洋地区为西风异常，海洋性大陆和热带印度洋地区为东风异常。

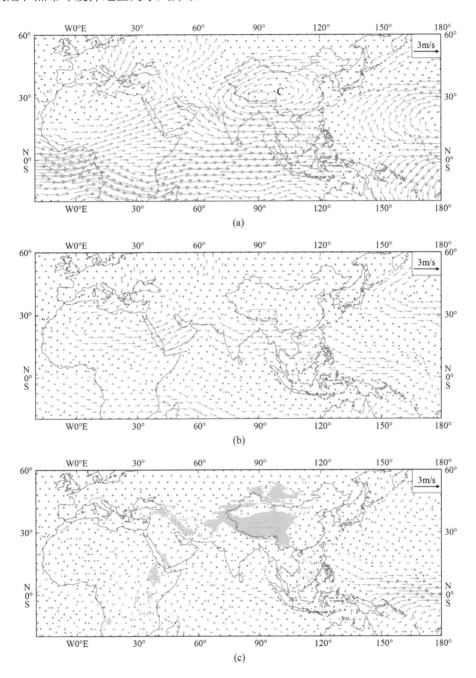

图 5.17　1979 ～ 2020 年 200hPa(a)、500hPa(b) 和 850hPa(c) 风场对藏东南地区霜冻日数（站点资料）标准化时间序列的回归场

灰色填色表示地形覆盖；蓝色箭头表示超过 95% 显著性水平；C 表示气旋

从相关的海温和降水场的分布来看（图 5.18），霜冻日数偏多的年份与冰冻日数的空间分布比较相似，说明大尺度的西风－季风系统对二者的影响较为一致。

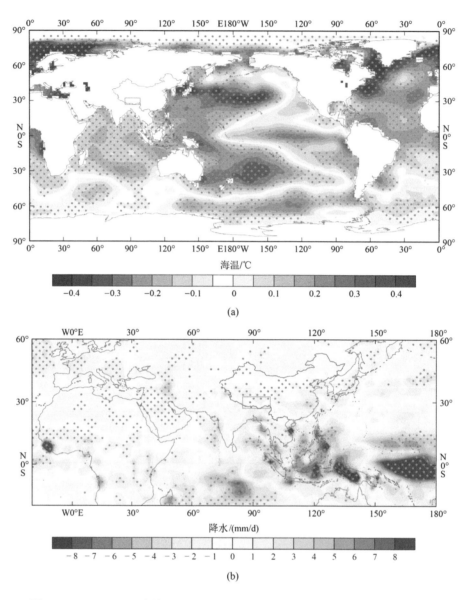

图 5.18 1979 ～ 2020 年海温（a）和降水（b）对藏东南地区霜冻日数（站点资料）
标准化时间序列的回归场
灰点表示超过 95% 显著性水平

5.4　极端降水相关的西风 – 季风变化特征

5.4.1　多降水日数

图 5.19 给出了 1979 ～ 2020 年与藏东南地区多降水日数对应的环流异常。藏东南地区极端降水日数偏多的年份与年平均降水相应的环流分布特征类似，在对流层上层沿着 40°N 的西风带有明显的西风异常。同时，对流层低层环流在西北太平洋—东亚地区有明显的南北向波列分布特征，对应西北太平洋地区低层有反气旋式环流异常分布，孟加拉湾地区有显著的南风异常，表明西太副高偏西偏强，有助于南海和孟加拉湾更多的水汽输送至藏东南地区。

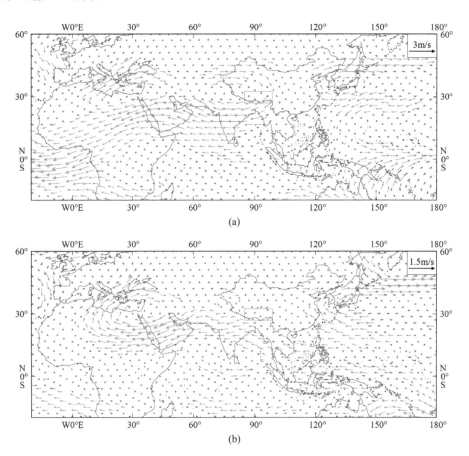

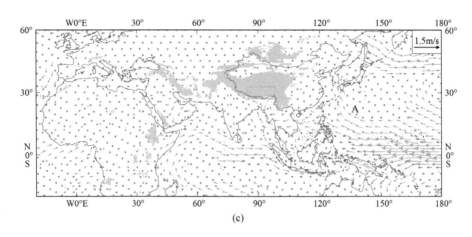

(c)

图 5.19　1979～2020 年 200hPa(a)、500hPa(b)和 850hPa(c)风场对藏东南地区多降水日数
（站点资料）标准化时间序列的回归场

灰色填色表示地形覆盖；蓝色箭头表示超过 95% 显著性水平；A 表示反气旋

　　藏东南地区多降水日数偏多的年份，降水偏多的区域不仅仅体现在藏东南地区，还有中南半岛、海洋性大陆地区，以及我国西北、江淮和华北地区 [图 5.20(b)]。热带西太平洋暖池地区降水偏少。在海温场上 [图 5.20(a)]，多降水日数偏多的年份主要对应热带太平洋地区 La Niña 型的海温分布特征。大西洋地区呈现以海温偏暖为主的异常分布。印度洋地区，尤其是西印度洋地区，海温异常不显著。

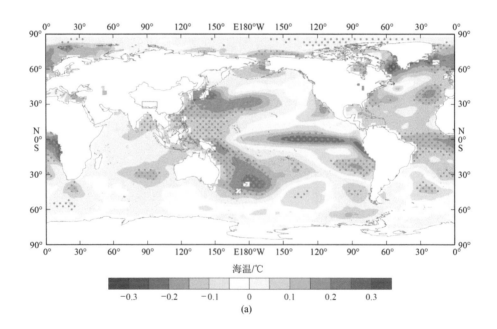

海温/℃

(a)

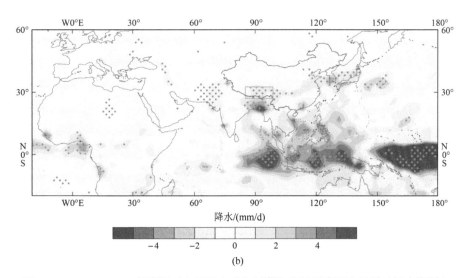

图 5.20　1979 ～ 2020 年海温（a）和降水（b）对藏东南地区多降水日数（站点资料）
标准化时间序列的回归场
灰点表示超过 95% 显著性水平

5.4.2　中降水日数

图 5.21 给出了 1979 ～ 2020 年与藏东南地区中降水日数对应的环流异常。与多降水日数分布类似，藏东南地区中降水日数偏多的年份，对流层上层沿着 40°N 的西风带有明显的西风异常，在藏东南北侧转为北风异常；在西北太平洋—东亚地区亦有明显的南北向波列分布特征，对应西北太平洋地区低层有反气旋式环流异常分布，孟加拉湾地区有显著的南风异常，南海地区有东风异常。与中降水日数相联系的降水和海温场的空间分布（图 5.22）也与多降水日数的分布特征比较相似，对应藏东南、中南半岛、海洋性大陆地区、我国北方地区降水偏多和热带太平洋地区 La Niña 型的海温分布特征。

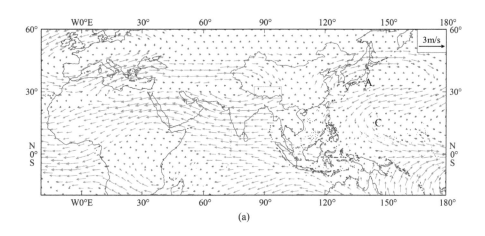

(a)

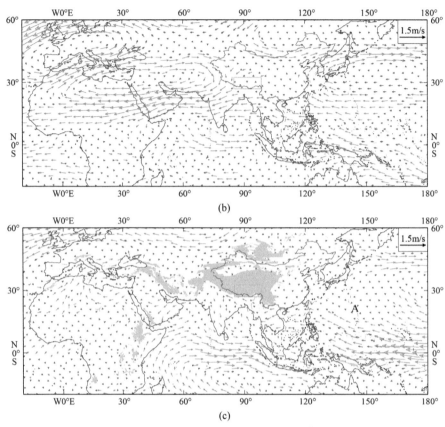

(b)

(c)

图5.21　1979～2020年200hPa（a）、500hPa（b）和850hPa（c）风场对藏东南地区中降水日数（站点资料）标准化时间序列的回归场

灰色填色表示地形覆盖；蓝色箭头表示超过95%显著性水平；A表示反气旋；C表示气旋

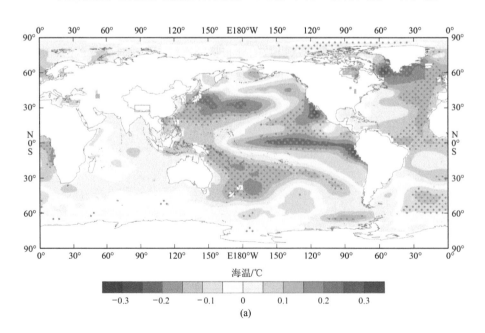

海温/℃

(a)

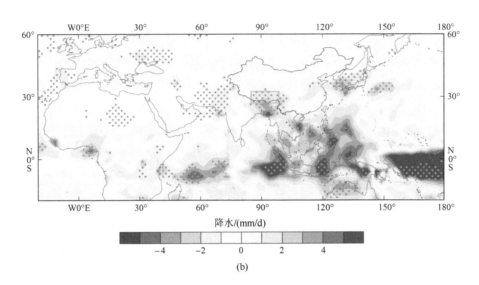

(b)

图 5.22　1979 ～ 2020 年海温（a）和降水（b）对藏东南地区中降水日数（站点资料）
标准化时间序列的回归场
灰点表示超过 95% 显著性水平

5.4.3　少降水日数

图 5.23 和图 5.24 分别给出了 1979 ～ 2020 年与藏东南地区少降水日数对应的环流、
降水和海温异常。与多降水日数和中降水日数分布相反，藏东南地区少降水日数偏多
的年份对应对流层上层沿着 40°N 的西风带明显的东风异常；西北太平洋地区低层有气
旋式环流异常分布，孟加拉湾地区有显著的北风异常；藏东南、中南半岛、海洋性大
陆地区、江淮地区降水偏少；热带太平洋地区有 El Niño 型的海温分布特征。

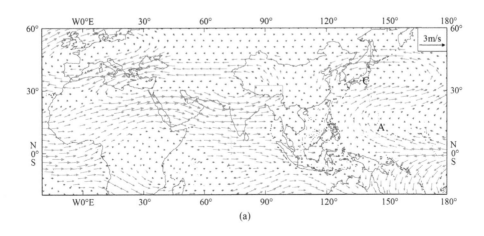

(a)

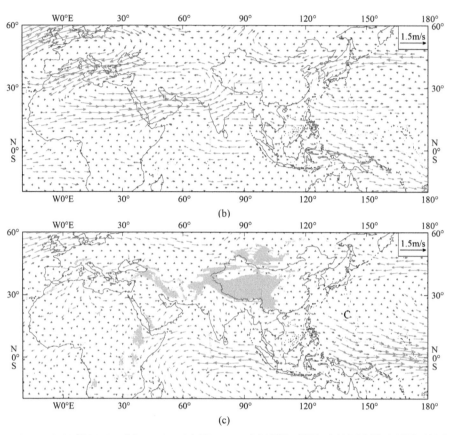

图5.23　1979～2020年200hPa（a）、500hPa（b）和850hPa（c）风场对藏东南地区少降水日数（站点资料）标准化时间序列的回归场

灰色填色表示地形覆盖；蓝色箭头表示超过95%显著性水平；A表示反气旋；C表示气旋

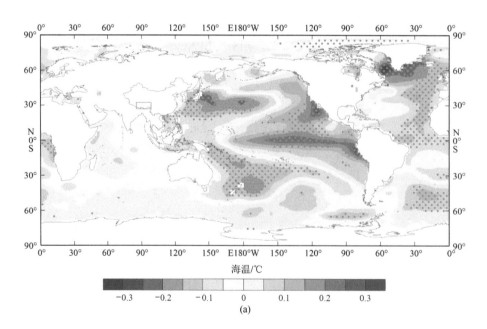

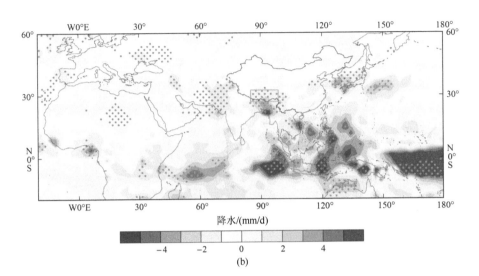

(b)

图 5.24　1979 ～ 2020 年海温（a）和降水（b）对藏东南地区少降水日数（站点资料）
标准化时间序列的回归场
灰点表示超过 95% 显著性水平

第6章

西藏地区主要极端天气事件的
个例分析与总结

6.1 西藏强降温天气的个例与总结分析

6.1.1 西藏强降温天气个例分析

2021 年 12 月，阿里地区出现两次范围较广的降雪天气过程，部分地区 24h 降雪量达到暴雪量级。12 月 8 日 08 时（北京时间，下同），受冷空气及前期降雪影响，西藏自西向东出现了 5～10℃ 的降温天气过程，全区有 1/3 的站点降温超过 8℃，阿里地区东部改则降温幅度达 14.1℃（图 6.1）。降温降雪过程导致西藏西北部出现罕见的持续性低温天气，阿里地区东部和那曲地区西部 24h 最低气温降幅达 10℃ 以上，其中改则县平均气温较常年偏低 9.9℃，最低气温达 −39.1℃，为历史同期第二低。因此，本小节选取 2021 年 12 月 8 日的强降温天气作为个例进行分析。

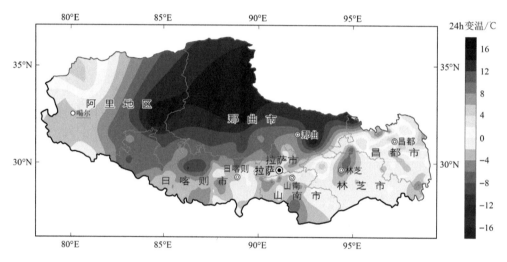

图 6.1　2021 年 12 月 8 日 08 时西藏 24h 变温分布图

西藏自治区气象台制作

1. 高空环流形势与演变

500hPa 高度场上，自 2021 年 12 月 1 日起，乌拉尔山西侧有低槽不断向青藏高原分裂冷空气，阿拉伯海上空有南支槽维持，系统深厚，阿里地区处于槽前高空西南急流控制区，9 日后受冷空气影响转为西北风，高空干冷空气的侵入为强降温天气提供了有利条件。

500hPa 的高度场、风场和温度场上，2021 年 12 月 6 日 20 时 [图 6.2 (a)]，欧亚中高纬度呈现"两槽一脊"的经向型环流，乌拉尔山东侧为浅槽，冷槽中心为 −36℃，鄂霍次克海地区有深厚低涡发展，且有 −48℃ 冷中心与之配合；贝加尔湖以西为高压脊区。

上游的乌拉尔山附近强烈的冷空气在浅槽引导下经青藏高原北侧，伴随着一个温度槽南移影响西藏西部地区。青藏高原西风短波槽活跃并东移影响西藏地区，阿拉伯海至孟加拉湾地区存在一个暖中心，槽前西南急流强度达 32m/s，并向西藏西部输送水汽，造成西藏西部地区出现降雪天气。从 2021 年 12 月 7 日 08 时 [图 6.2(b)] 温度场来看，西藏地区温度槽落后于高度槽，预示着高度槽将不断东移，–20℃等温线南移至西藏西北部地区，等温线较密集，等高线和等温线交角较大，表明 500hPa 西藏冷平流较强（王玉佩，1985）。欧洲以东地区为南北向的弱高压脊，脊后暖平流北上，脊前等高线为疏散结构，脊后暖平流和疏散脊结构促使高压脊不断加强，脊前的偏北气流加强，风速均达 16m/s，高压脊引导北侧冷空气不断南下。

2. 地面分析

2021 年 12 月 6 日 20 时，青藏高原北部的新疆地区有冷高压生成，一直持续到 7 日 14 时，高原上变压不明显；但从 7 日 14 时起，出现了明显的零变压线，零变压线位于高原腹地，呈东北—西南走向；7 日 19 时起，高原西部开始由正变压控制，冷空气开始影响高原。7 日 20 ~ 23 时 24h 变压的正变压中心位于阿里地区改则县，达 6.9Pa，3h 变压同样为正变压，23 时 3h 变压达 12Pa，同时改则县降温幅度达到最大。

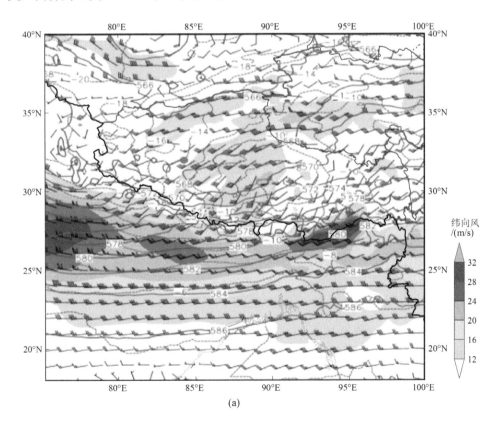

(a)

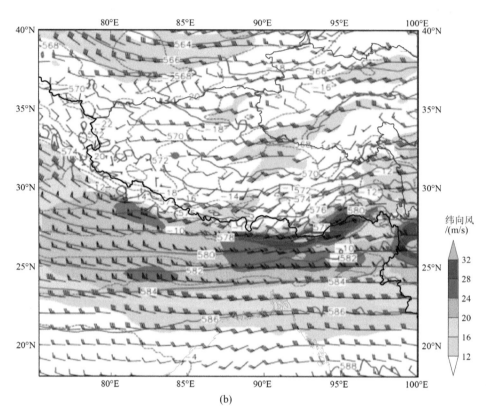

图 6.2　2021 年 12 月 6 日 20 时（a）、7 日 08 时（b）的 500hPa 环流场

蓝色等值线为位势高度场（单位：dagpm）；红色等值线为温度（单位：℃）；填色为急流（纬向风）

3. 强降温天气成因分析

局地的温度变化主要决定于温度平流和非绝热因子的作用。温度平流主要考虑平流冷暖性质和强度；非绝热因子包括辐射、水汽凝结、蒸发和地面感热对气温的影响。在此次强降温过程中，温度平流和非绝热因子均起重要的作用。可见光云图上雪后有明显的积雪覆盖，且西藏大部均以晴好天气为主，有利于积雪融化过程中水汽凝结和蒸发，吸收大量热量，从而使气温降低，雪后晴空辐射降温效应以及冷空气的影响对改则县气温降低起较大作用。

4. 预报经验归纳

本次西藏西北部强降温是在两次降雪过程后叠加强冷平流和地面积雪晴空辐射的共同作用下产生的，但由于模式预报偏差均较大，因此提炼出本次过程的预报着眼点：分析强降温的气候背景，特别是强降温的时空分布特征；需加强对冷空气强度的识别，特别需要关注 −20℃ 等温线是否南压至西藏西北部地区，关注等温线密集程度、等高线和等温线交角；除了关注冷平流的强度外，还应关注强冷平流维持时间；关注地面零变压线和 3h 变压，零变压线的位置和中心强度对降温均有指示意义，3h 变压越大，气温降幅越大；注意晴空辐射降温，加强对数值预报产品的检验与分析。

6.1.2　西藏强降温天气的气候特征

根据西藏天气气候特征，西藏强降温气候区域可划分为西部地区、藏北一线、沿雅鲁藏布江一线（简称沿江一线）、南部边缘地区和东部地区 5 个区域，结合中国气象局关于寒潮、强冷空气标准与西藏实际气候概况，制定了强降温标准。其中，西部地区和藏北一线的标准为区域内两个及以上站 24h 最低气温下降 8℃或以上，且 24h 内平均气温下降 6℃以上；或者 48h 内最低气温下降 10℃或以上，48h 内日平均气温下降累计达 8℃以上。沿江一线、南部边缘地区和东部地区采用以下 3 个标准：①上述各区域内各站点 24h 内最低气温下降均在 5℃或以上；②上述各区域中有半数以上的站点 24h 内最低气温下降 5℃或以上，且日平均气温下降 4℃以上；③上述各区域内一个站点 24h 内最低气温下降 8℃或以上，且日平均气温下降 6℃以上。在此基础上进行气候总结分析。

通过对 1961～2010 年西藏不同气候区域的强降温次数进行统计分析（图 6.3），结果表明，西藏地区的强降温次数逐渐增多，20 世纪 80 年代至 90 年代中期强降温次数较多，90 年代后期逐渐减少。从逐年变化上看，强降温次数最多的年份为 1994 年，达到 12 次，最少年份为 1969 年，仅 1 次。

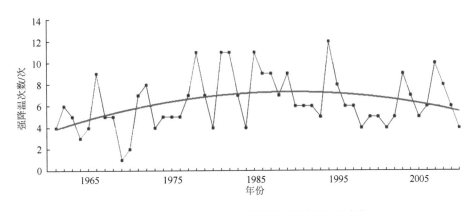

图 6.3　1961～2010 年西藏强降温次数的年际变化

从强降温次数的月际变化（图 6.4）来看，强降温一般从 10 月开始，11 月和 12 月强降温次数逐渐增加，次年 1 月达到顶峰，2 月开始急剧减少，并持续到 4 月。5 月仅有少量的强降温，7～9 月高原上无明显的区域性强降温。

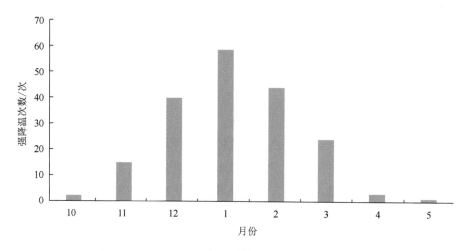

图 6.4 1961 ～ 2010 年西藏地区逐月累计强降温次数

从强降温区域分布状况来看，不同区域的强降温次数统计（图 6.5）的结果表明，藏北一线、沿江一线和南部边缘地区强降温次数较多，峰值均出现在 1 月。该月南部边缘地区累计次数为 36 次，沿江一线和藏北一线均为 34 次。相对而言，西部地区和东部地区强降温次数偏少，其次数最多的月份在 12 月，分别达 10 次和 18 次。5 月和 6 月仅东部地区有少量的强降温天气出现。

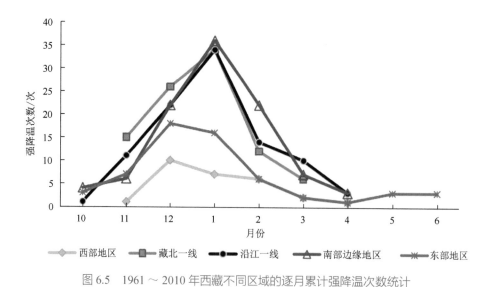

图 6.5 1961 ～ 2010 年西藏不同区域的逐月累计强降温次数统计

6.1.3　西藏强降温天气预报的中尺度模型

结合张小玲等（2010）中尺度天气的高空地面综合图分析，西藏地区强降温天气可以总结归纳得到以下 4 种强降温概念模型。

第一种概念模型为西北气流型（图 6.6）。具体指标为：①地面 24h 变压上游 ≥ 5hPa，零变压线和 24h 变温上游存在 -5℃中心；② 500hPa 上 24h 变温 ≥ -5℃，存在西北向急流；③ 400hPa 上干舌（温度露点差 $T-T_d$）≥ 15℃。影响区域主要为西部地区、藏北一线、沿江一线、东部地区（与地面零变压线密切相关）。

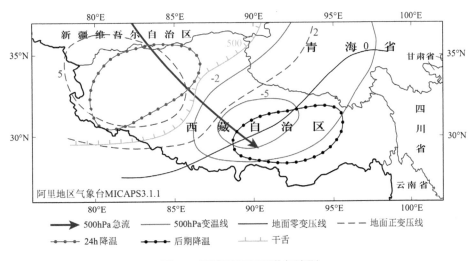

图 6.6　西藏强降温西北气流型

根据地面零变压线的不同位置，可以进一步将此概念模型分为西部、中部与东部型，其降温区域与地面零变压线密切相关。其中，东部型常与降水天气密切相关（图 6.7）：

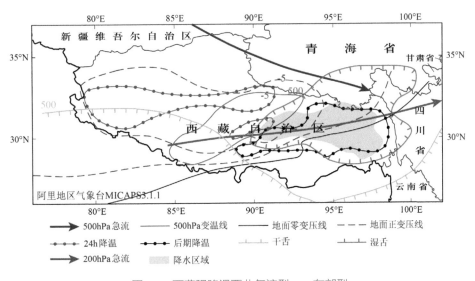

图 6.7　西藏强降温西北气流型——东部型

①地面24h零变压线偏东，地面西部前一天有降温和24h降温>5℃；② 500hPa上有短波槽存在，有风速或风向的辐合；③ 400hPa上 $T–T_d$<5℃零变压线。其对应特征为存在湿舌及辐合，短波槽时常伴有降水。西北气流型对西藏的降温天气影响最大，表现为次数多、强度大、范围广。

第二种概念模型为倒灌型（偏北气流型）（图6.8）。具体指标为：①地面零变压线前≥2hPa变压线，24h变温上游存在–5℃中心；② 500hPa上24h变温≥–5℃，存在偏北或东北气流；③ 400hPa上湿舌 $T–T_d$<5℃。倒灌型引起的强降温次数极少，主要影响东部地区，降水区域较小。

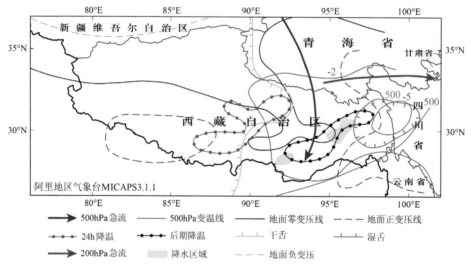

图6.8　西藏强降温倒灌型

第三种概念模型为西风气流型。与西北气流型相比，西风气流型的冷空气强度较弱，地面表现主要为零变压线和2hPa的24h变压，但部分时间也有负变压的表现形态。依据变压形态不同，将西风气流型分为零变压型和负变压型。具体指标为：①地面存在零变压线，西侧24h变压≥2hPa，24h变温上游存在–5℃中心；② 500hPa上24h变温≥–2℃，干舌 $T–T_d$≥15℃，存在西风气流。该降温型影响区域以日喀则地区、南部边缘地区为主，冷空气从西部侵入，范围小（图6.9）。

第四种概念模型为西南气流型。具体指标为：①地面24h负变压–5～–2hPa，24h升温明显，有5～10℃中心；② 500hPa上24h负变温为–5～–2℃，西风槽前有西南向急流；③ 400hPa上湿舌 $T–T_d$<5℃；④位于200hPa急流入口区。该降温型主要影响山南地区、东部地区，大多伴随降水，这些地区受到降水、降温与冷空气共同影响（图6.10）。

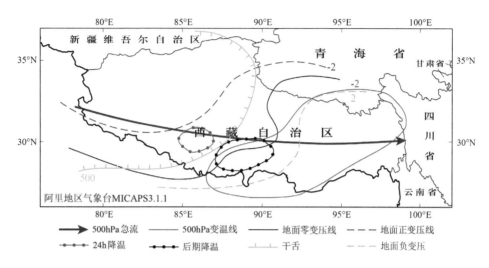

图 6.9　西藏强降温西风气流型

对比以上几种降温类型，高空 500hPa 变温作为最重要的降温指标，西北气流型、西风气流型的降温幅度多有不同；东部地区降温常与降水密切相关；在西北气流型——东部型以及西风气流型、西南气流型中，地面均有可能出现升温和负变压的情况；高空 500hPa 是降温预报的关键，但依据类型不同，高空 500hPa 变压强度也有所不同。

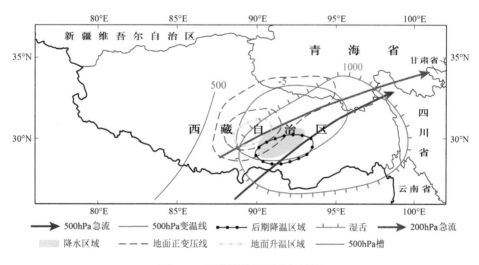

图 6.10　西藏强降温西南气流型

6.2　西藏强降水事件的个例与总结分析

强降水天气是西藏的主要灾害性天气之一，多伴有冰雹和雷电。西藏地区因其地理环境独特，强降水具有季节性强、持续时间短等特点，夏季因局地小气候的作用易出现短时强降水，并造成洪涝、泥石流及滑坡等灾害，往往会给国民经济和人民生命财产造成重大损失。夏季强降水的研究对进一步提高西藏地区降水预报准确率有着十分重要的意义。

6.2.1　西藏强降水个例分析

1. 个例选取：2020 年 10 月 4 ~ 6 日墨脱暴雨事件

2020 年 10 月 4 ~ 6 日墨脱一带出现连续三天的强降雨过程，墨脱周边地面站每日降水量在 20mm 及以上（图 6.11），其中西让站和德尔贡站出现了连续 3 天的暴雨过程（表 6.1）。4 日和 6 日西让站降水量均在 100mm 以上，属于大暴雨，西让站过程累计雨量达 314.7mm。4 日除了帮辛站和 52k 站外，其他墨脱地面站降水量都在大雨以上；5 日西让站、德尔贡站和背崩乡站降水量达暴雨量级，其他站除 52k 站外各站降水量在大雨量级；6 日西让站、德尔贡站、嘎隆拉站和背崩乡站降水量达暴雨以上，其他各站降水量都在大雨量级。根据以上统计可以发现，总体上此次连续强降雨过程 5 ~ 6 日降雨强度比 4 日强。

表 6.1　2020 年 10 月 4 ~ 6 日墨脱一带降水实况　　（单位：mm）

站点	西让	德尔贡	背崩乡	墨脱	德兴	达木	帮辛	52k	嘎隆拉
10 月 4 日	105.6	56.5	47.8	32	37	25.5	23	21.5	29.7
10 月 5 日	89.3	54.4	56	35.7	36.1	29.4	30.3	20	31.3
10 月 6 日	119.8	55.9	59.7	43.4	42.8	42.1	38.9	38.9	61.7
总降水量	314.7	166.8	163.5	111.1	115.9	97	92.2	80.4	122.7

图 6.11　2020 年 10 月 4 ~ 6 日降水量实况图

2. 环流背景分析

从 500hPa 环流来看，2020 年 10 月 3～5 日中高纬地区 500hPa 环流以经向环流为主，为"两槽一脊"型。3 日 20 时 [图 6.12(a)] 乌拉尔山以东的低压槽位于 70°E 附近，低涡中心位于 73°E、62°N，槽尾延伸至巴尔喀什湖附近的 70°E；我国东北一带为低压槽，低涡中心位于 124°E、45°N；高压脊位于贝加尔湖西北侧的 100°E 左右。4 日中高纬系统稳定少动。伊朗高压稳定位于阿拉伯半岛，西太副高西伸脊点 4 日 08 时在孟加拉湾北侧，位于 93°E、26°N，4 日 20 时 [图 6.12(b)] 东退至云南附近，副高整体位置偏南。青藏高原西部日喀则附近的高原槽稳定少动，孟加拉湾低值系统活跃，西藏地区中东部受高原槽前、孟加拉湾低涡和西太副高西南风控制。5 日中高纬地区 500hPa 环流为"两槽一脊"型，5 日 20 时 [图 6.12(c)] 乌拉尔山以东的低压槽东移至 80°E 左右，低涡中心位于 80°E、58°N，高压脊东移至贝加尔湖上空的 105°E 左右，与 4 日相比中高纬的系统略有东移，高原中东部整体受西南风控制，高原西部冷空气南下，配合副高边缘西南气流造成了此次连续强降雨过程。

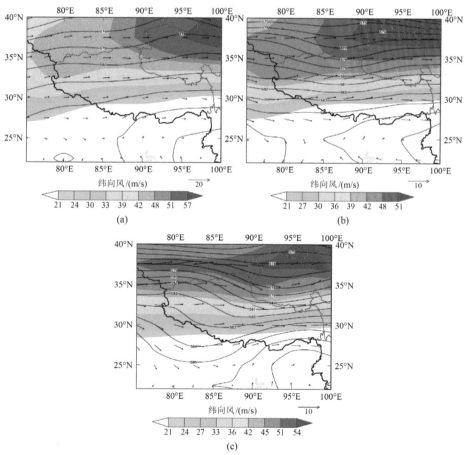

图 6.12　2020 年 10 月 3 日 (a)、4 日 (b) 和 5 日 (c) 20 时的 500hPa 环流场
矢量为风场（单位：m/s）；等值线为位势高度场（单位：dagpm）；填色为急流（纬向风）

从700hPa环流[图6.13(a)]看，2020年10月3日20时孟加拉湾一带有一低压活动，4～5日低压中心一直在89°E、21°N附近摆动并维持[图6.13(b)]，6日低压略有北抬，中心强度没有变化。高原南部为偏南风，不断向高原输送孟加拉湾水汽，700hPa上4～5日风速在4～8m/s，6日接近12m/s左右。南部输送的暖湿气流受特殊地形强迫抬升作用，上升运动增强，强的垂直运动以及南部持续不断的暖湿气流形成了此次持续的强降水过程，墨脱一带特殊的地形也是其暴雨的重要原因之一[①]。

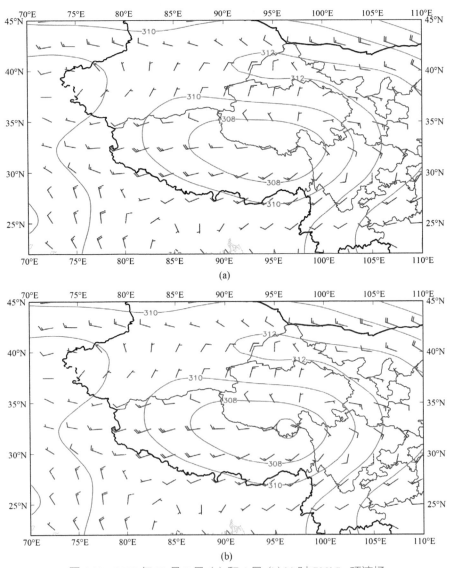

图6.13　2020年10月3日(a)和4日(b)20时700hPa环流场
蓝色等值线为位势高度场（单位：dagpm）

---

① 普布桑姆.2020.林芝墨脱复杂地形下一次局地暴雨过程.2020年全区科技论文交流会.

从200hPa高空环流来看，南亚高压位置随着季节变化而南北摆动，9月后脊线一般南压至28°N附近。而在墨脱强降雨期间南亚高压脊线刚好位于25°N以北，南亚高压位置偏南呈带状分布（图6.14）。200hPa高纬西风急流建立，急流中心最大风速达54m/s，高原高层为强辐散区，有利于抽吸作用。

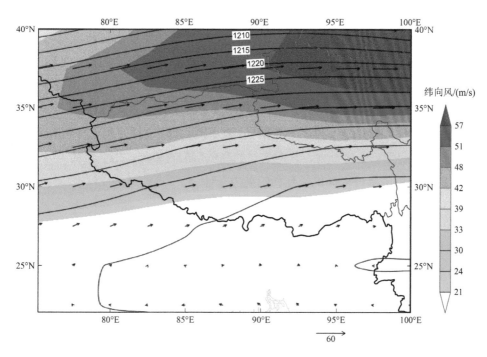

图 6.14　2020 年 10 月 3 日的 200hPa 环流场
矢量为风场（单位：m/s）；等值线为位势高度场（单位：dagpm），填色为急流

3. 卫星云图对比分析

云顶亮温（也称相当黑体温度，TBB）资料以其高时空分辨率能够很好地反映强天气系统的发生、发展和消亡，尤其能定量指示对流云的发展高度。由 TBB 卫星云图可知，4 日和 6 日主要影响墨脱一带的对流云团来源于南部，并在移向墨脱时加强，4日和 6 日云顶亮温为 –35 ～ –30℃；而 5 日主要影响墨脱一带的对流云团来源于拉萨东部，5 日来自拉萨东部的云顶亮温达 –50℃。

4. 水汽和动力条件分析

从水汽条件分析来看，充足的水汽是发生暴雨事件的重要条件。通过分析强降雨天气过程的相对湿度发现，4 ～ 6 日墨脱一带的相对湿度达 90%，而且从 850hPa 延伸至 500hPa 左右，有着深厚的湿层，而 500hPa 延伸至 100hPa 的相对湿度一直在 50% 左右。

从比湿变化情况来看，与相对湿度相似，低层为高湿区，800hPa 以下比湿在 12g/kg 以上，700hPa 以下比湿在 10g/kg 以上，500hPa 比湿在 5g/kg 以上，而且 4～6 日的比湿几乎没有变化。

从动力条件分析来看，4～6 日垂直速度在墨脱上空为负值区，中低层为上升区，其中 500hPa 附近上升强度最强，高层为弱的下沉区；4 日 20 时墨脱一带上升速度逐渐增强，5 日 08 时和 6 日 08 时在 500hPa 附近垂直速度值为 –2Pa/s 左右，负值中心位于 500hPa；5 日 08 时和 6 日 08 时在 500hPa 垂直速度图表现为，在墨脱一带存在 –2Pa/s 左右的垂直速度中心，随着降水的持续，墨脱一带的垂直速度维持在 –1Pa/s。850～500hPa 的垂直速度随着时间逐渐下降，从 4 日逐渐减小，5 日达到最低，6 日又增长。散度时间剖面图 600hPa 以上为正值区，有下沉运动，这样的配置有利于形成降水，4～6 日高低层的配置变化不大，其中 5 日的高低层配置最好。中低层的上升运动一直维持，为此次的强降雨过程提供了有利的动力条件。

5. 数值预报检验分析

从欧洲中期天气预报中心 24h 降水预报来看，4 日除漏报西让站的大暴雨外，其他各站的量级均报得略小；5 日不仅报出了西让站、德尔贡站和背崩乡站的暴雨，而且其他各站的量级报得也较为准确；6 日暴雨的位置预报得偏西，而且从量级上看几个站点的预报都偏弱。欧洲中期天气预报中心 24h 降水预报整体上报出了暴雨，但是落区略有偏差。

相对而言，从其他预报产品 [如区域中尺度预报系统 (GRAPES-MESO) 和全球中期数值预报系统 (GRAPES-GFS)]24h 降水预报来看，三天大部分预报的降水量级都偏弱，存在漏报的现象。综合来看，此次连续的暴雨过程欧洲中期天气预报中心模式报得较准确。

6. 结论

稳定的天气尺度系统是此次持续暴雨天气的有利条件，500hPa 高空槽稳定少动；200hPa 南亚高压呈带状，青藏高原处在南亚高压中心偏北的强分流辐散区；深厚的湿层提供了充足的水汽条件，而且湿层高度伸展到 500hPa；中低层较稳定的上升运动形成良好的动力条件，加上高低层配置都很有利于形成强降雨。

6.2.2 2018 年拉萨汛期两次强降水成因的对比分析

1. 两次强降水过程的降水实况特点

2018 年汛期拉萨出现了两次强降水天气过程，出现了历史罕见的大到暴雨。本节将围绕两次强降水过程进行对比分析。

第一次过程出现在7月28日20时～29日08时（简称"7.29"暴雨），拉萨56个站中13个站点12h累计降水量超过15mm。降水主要集中在28日23时至29日04时，堆龙德庆区为暴雨中心，29日08时前12h累计降水量达40.1mm，28日22～23时1h降水量为27.2mm；开发区站29日08时前12h累计降水量为30.1mm。

第二次过程出现在9月21日20时～22日08时（简称"9.22"暴雨），拉萨56个站中23个站点前12h累计降水量超过15mm，9个站超过30mm；基本站统计中墨竹工卡县为暴雨中心，12h累计降水量达37.4mm，19～20时1h降水量为18mm，为最大小时雨强；对比两次过程，发现"9.22"暴雨强度要比"7.29"暴雨大、持续时间长，"7.29"暴雨的小时雨强要更大。

2. 环流形势和天气影响系统对比分析

从500hPa环流形势分析来看，7月28日20时 [图6.15(a)] 中高纬度纬向环流明显，为"两槽一脊"型，西太平洋副热带高压位置偏东偏北，且强度较弱；巴尔喀什湖的冷槽在东移过程中加深，不断分裂冷空气南下，584dagpm线位于拉萨东南部，584dagpm线边缘的西南风从孟加拉湾向拉萨输送水汽，从风场上看，有一横切变线位于拉萨西部。29日08时 [图6.15(b)] 位于孟加拉湾的低压东移，南海附近的东南风有利于将南海的水汽输送到西藏东南部。另外，9月21日20时 [图6.15(c)] 中高纬度也为"两槽一脊"型，巴尔喀什湖西侧至贝加尔湖附近有一深厚的槽区，乌拉尔山一带为高压脊区；低纬度地区，印度半岛至孟加拉湾附近有一个低压中心，西太平洋副热带高压长时间维持稳定，拉萨至山南附近存在一个闭合的高压环流，拉萨位于闭合高压和西太副高之间，有利于对流降水的形成，切变线位于那曲和拉萨之间，副高边缘的西南和偏南气流源源不断地向拉萨输送水汽。22日08时 [图6.15(d)] 副高西伸；印度半岛的低压减弱，孟加拉湾盛行偏东和偏南气流，高原主要受平直的西风控制，降水减弱。

从两次暴雨过程的环流背景对比分析可以看出，两次暴雨过程均受高原切变线影响，南部印度半岛至孟加拉湾一带低值系统活跃，西南风为水汽输送提供了有利条件。"7.29"暴雨的环流形势较为典型，巴尔喀什湖附近的冷空气东移南下，与青藏高原上的暖湿气流在沿雅鲁藏布江至拉萨附近汇合形成降水，加上切变线的影响，有利于降水的持续；"9.22"暴雨的形成除了高原上切变线的影响外，还受到两个高压之间形成的对流的影响，产生对流性降水（朱乾根等，2007）。

3. 暴雨发生发展的环境条件对比分析

从水汽通量场和风场演变来看，7月28日20时 [图6.16(a)] 水汽主要来源于孟加拉湾，从日喀则到拉萨，拉萨位于东北西南风向辐合区内，是水汽通量值的大值中心处，中心水汽通量值为25g/(cm·hPa·s)。29日02时中心水汽通量值仍维持在25g/(cm·hPa·s)，风速加大，有利于水汽输送。29日08时拉萨的水汽通量值明显减小，为15g/(cm·hPa·s)，拉萨降水逐渐减弱至结束。9月21日20时 [图6.16(b)] 拉萨位于西南风控制区，水汽

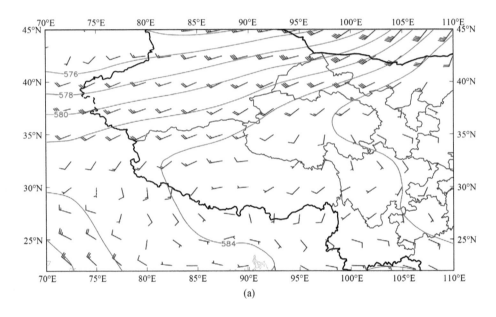

(a)

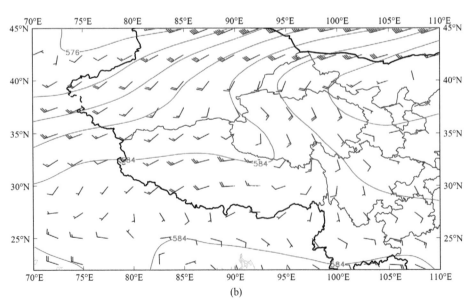

(b)

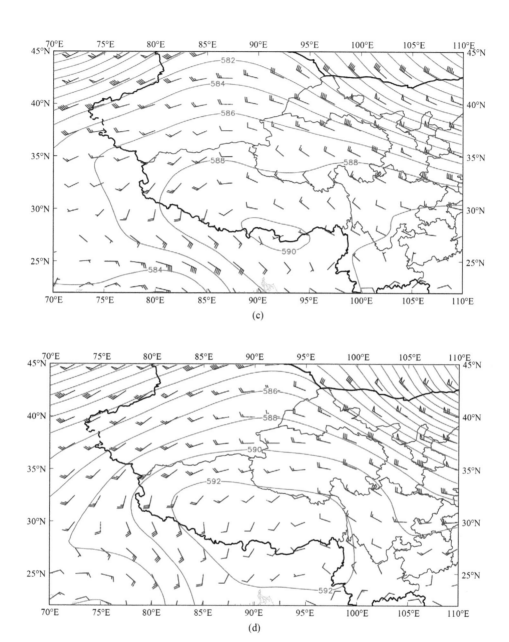

图 6.15　2018 年 7 月 28 日 20 时 (a)、7 月 29 日 08 时 (b)、9 月 21 日 20 时 (c) 和 9 月 22 日 08 时 (d) 的 500hPa 环流场

蓝色等值线为位势高度场（单位：dagpm）

通量值为 20g/(cm·hPa·s)，高原南部均以西南风为主。22 日高原北部的冷空气南下，西北与西南风的辐合位于拉萨北部，此时拉萨水汽通量值为 23g/(cm·hPa·s)，南部西南风风速加大有利于南部水汽上高原，为对流降水提供充沛的水汽。

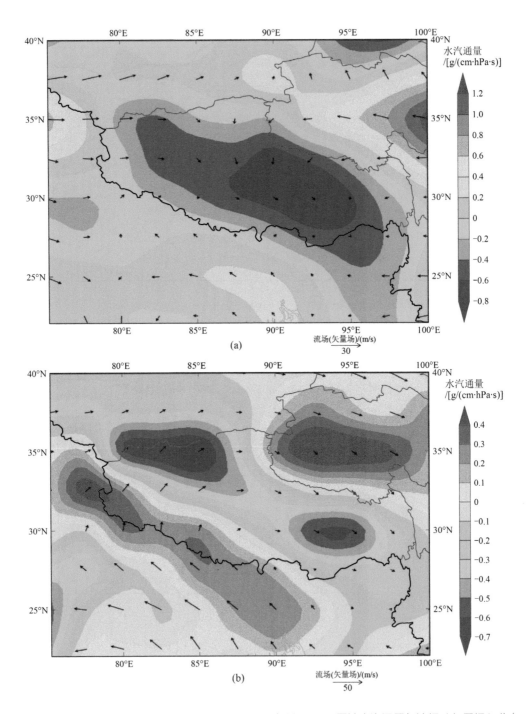

图 6.16　2018 年 7 月 28 日 20 时（a）、9 月 21 日 20 时（b）500hPa 累计水汽通量与流场（矢量场）分布

4. 动力条件分析

从垂直速度的分布可以看出，7月28日14时［图6.17（a）］之后堆龙德庆区整层对流层大气由弱的下沉运动变为上升运动，高层（400～200hPa）大气垂直速度的最大值中心出现在28日20时，中心值大于−0.35Pa/s，28日22时低层大气的上升运动加快，小时雨强达到最大，为27.2mm。29日02时垂直上升运动达到最大，出现了最大值中心值，中心位于700～650hPa；29日02时之后垂直上升运动减弱，到08时上升速度最小，高层250～200hPa大气的上升速度为0Pa/s，此时降水逐渐停止。9月21日20时［图6.17（b）］开始墨竹工卡县垂直运动增大，此时小时雨强达到18.0mm；在22日02时达到最大值，最大值位于低层700～650hPa，此时小时雨强为7.2mm，02时之后减小，在08时速度为0Pa/s，降水减弱，小时雨强为3.0mm。

两次强降水的垂直运动的相同点为：都有明显的上升运动；低层都出现了中心值；上升运动高度较低。其不同点为：①"7.29"暴雨垂直运动中心值明显大于"9.22"暴雨，降水强度和量级都明显偏大；②"7.29"暴雨强降水高层（400～200hPa）出现了垂直运动的最大值中心，表明上升运动较旺盛，"9.22"暴雨强降水上升运动主要集中在低层，400hPa以上垂直速度以0Pa/s为主；③"7.29"暴雨强降水过程中整层未出现下沉运动，"9.22"暴雨强降水过程中，除了高层有弱的下沉运动，在21日18～21时低层（625～500hPa）垂直速度出现闭合中心。

5. 不稳定层和探空图分析

降雨多从积雨云中产生，所以除强的上升运动和高温高湿条件外，还需要有不稳定的大气层。从"7.29"暴雨和"9.22"暴雨发生前后的探空图上看，湿层都特别深厚，低层均以西南风为主，400～300hPa附近的风速上有一个弱的辐合，相对湿度大于80%的湿层厚度均达到200hPa，非常利于暴雨发生。

由表6.2给出的对流参数对比来看，7月28日20时湿对流有效位能（CAPE）为285.3J/kg，零度层高度达6249.587m，对流凝结高度为477m，表明存在着热力不稳定层结，聚集了高湿度不稳定能量；7月29日08时暴雨发生后，湿对流有效位能迅速降至27.1J/kg，整层比湿积分暴雨过后减少了56.1，不稳定能量释放；9月21日20时湿对流有效位能仅有29.4J/kg，22日08时湿对流有效位能为0，对流凝结高度在暴雨过后降低，整层比湿积分暴雨后减小了25.7。对比参数结果表明，"7.29"暴雨的湿对流有效位能的变化幅度大，暴雨前湿对流有效位能远大于"9.22"暴雨，"7.29"暴雨的热动力及不稳定能量条件优势明显。

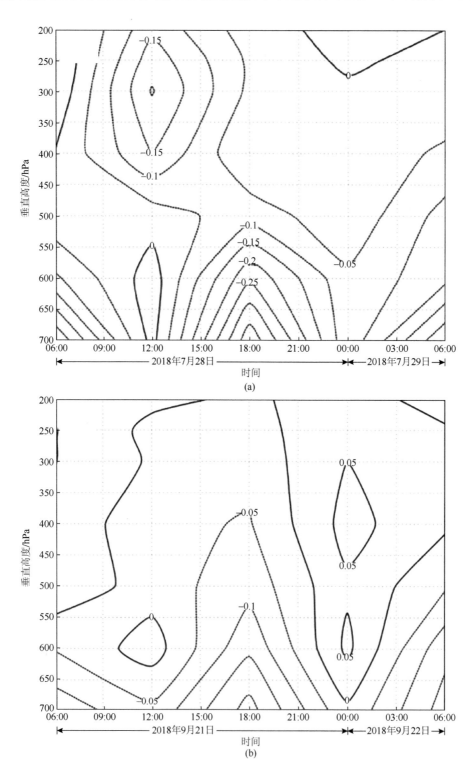

图6.17　2018年7月28日06时（世界时）至29日06时（世界时）堆龙德庆区（a）和9月21日06时（世界时）至22日06时（世界时）墨竹工卡县（b）的垂直速度图（单位：Pa/s）

表 6.2　对流参数对比

日期	零度层高度 /m	自由对流高度 /m	湿对流有效位能 /(J/kg)	抬升指数	整层比湿积分	对流凝结高度 /m
7 月 28 日 20 时	6249.587	455.6	285.3	0.9	65.2	477
7 月 29 日 08 时	9999	542.9	27.1	−0.72	9.1	602
9 月 21 日 20 时	5900	442.4	29.4	2.34	76	478
9 月 22 日 08 时	—	—	0	2.5	50.3	397

6. 小结

两次暴雨过程均受高原切变线影响，南部印度半岛至孟加拉湾一带低值系统活跃，西南风为水汽输送提供了有利条件；暴雨的形成除了高原上切变线的影响外，主要受两个高压之间形成的风切变而产生的对流性降水的影响；两次暴雨过程在水汽通量大值区；两次暴雨过程都有明显的上升运动；400 ～ 300hPa 附近的风速上有一个弱的辐合，相对湿度大于 80% 的湿层厚度均达到 200hPa，非常利于暴雨发生。

6.2.3　西藏夏季强降水事件主要特征和环流分型

1. 西藏夏季降水基本特征

西藏年降水量呈东南向西北递减的分布规律。大部分地区年降水量在 400mm 以下。西藏年内降水主要集中在 5 ～ 9 月，占年降水量的 80% ～ 95%。夏季降水最多，秋季多于春季，冬季极少。夜雨率高是西藏降水的又一特征，年夜雨量为 47.6 ～ 599.7mm，占年降水量的 50% 以上，其中沿雅鲁藏布江一线年夜雨量较高，占年降水量的 76% ～ 84%，以拉萨最高，达 84%，是西藏夜雨高值中心。

2. 西藏各月降水的变化特征

西藏干湿季分布很明显。从 2007 ～ 2019 年西藏降水变化特征看（图 6.18），西藏降水主要出现在 5 ～ 9 月，从 6 月开始西藏地区降水明显比前 5 个月有所增大，到了 9 月降水量不断下降，直到次年 5 月降水又逐渐增多，每年 5 ～ 10 月降水较多，11 月至次年 4 月降水较少，尤其是冬季，降水更少，大风日数增多。

3. 西藏夏季区域性强降水的分布特征

西藏夏季区域性强降水南多北少，区域性强降水西部少、东部多。藏东南地区强降水次数较多（图 6.19）。那曲地区虽然局地雷阵雨天气明显多于东部林芝和南部低海拔地带，但强降水日数少，与林芝一带相比强降水日数约少一半，东部山区、东部与西部山区的交界地带呈现出一条由北向南递增的趋势。同时，西藏沿江河谷与山区之间也是强降水日梯度较大的地带，显示出地形与区域性强降水密切相关。阿里东部和那曲西部的强降水次数比西藏东部和南部地区要少得多，但这一带是西藏地区低值系统影响最频繁的区域，夏季常常会有高原低涡和羌塘低涡在此生成，随着低涡系统东移和南压，当西风带低槽、切变线之类的天气系统入侵时，也会产生区域性强降水。

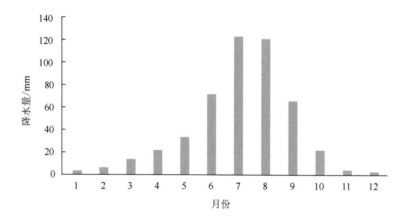

图 6.18　西藏各月降水变化图（2007 ～ 2019 年平均）

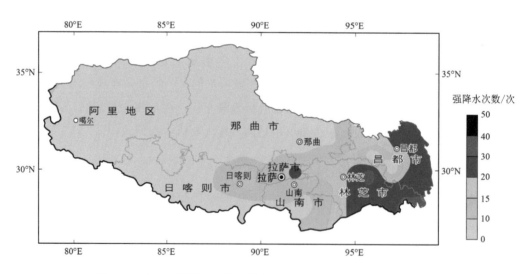

图 6.19　西藏区域性强降水次数空间分布图（2007 ～ 2019 年平均）

4. 西藏强降水日变化特征

西藏各地强降水日变化特征明显。西藏各区域中除了南部为昼夜均匀型外，其他区域均为夜雨型，沿江一线夜雨偏多，尤其是上半夜时段。北部、沿江一线和东部这三个区域均是上半夜最多、下半夜次之，下午比上半夜略少，上午时段最少，尤其是 10～13 时。日变化峰值出现在 22～24 时，次峰值在 01～02 时。北部夜间发生频率为 1.9 次／年，占全天的 49.74%；沿江一线夜间发生频率为 2.7 次／年，占全天的 75.45%；东部夜间发生频率为 3.2 次／年，占全天的 63.73%（图 6.20）。拉萨夏季各月小时降水的变化主要集中在夜间，尤其是 7 月和 8 月高度集中在 23 时到第二天 07 时，白天降水比夜间少，尤其是 12～17 时降水次数更少（图 6.21）；年降水总量和平均降水量与降水次数成正比，12～14 时由于降水次数少，降水量也相对较少，20 时到第二天 09 时降水次数比较多，年降水总量和平均降水量都高度集中在这个时段（图 6.22）。

5. 西藏夏季强降水的环流分型

根据强降水的落区及影响系统，可以将强降水环流大概分为以下几种类型。

（1）东部型：强降水区在林芝、山南南部和昌都南部，占强降水过程的 53%，是出现最多的区域性强降水过程类型。强降水中心有两种分布状态：一种是以加查、林芝为中心向东分布，其范围很广；另一种是以察隅为中心向西南分布，强降水范围较小，主要分布在芒康、察隅和下察隅一带。强降水过程发生时，欧亚中高纬为稳定的"两槽一脊"型，从 500hPa 高度场伊朗高压位置比较偏西，西太副高西伸，西伸脊点在 26°N、92°E 附近，西藏位于伊朗高压和西太副高之间的断裂带，巴尔喀什湖上空有不断分裂的小槽东移南下影响西藏，那曲东部、林芝和昌都位于槽前的西南气流控制中，南部印度至孟加拉湾为低值区控制，为西南风提供了源源不断的水汽。

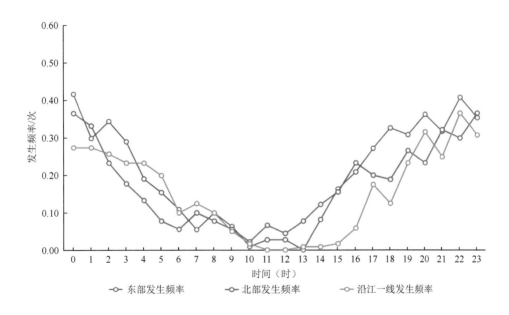

图 6.20　北部、沿江一线和东部强降水发生频率的日变化平均值分布图

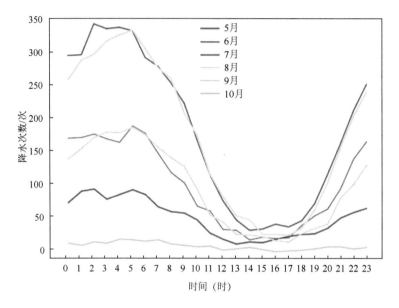

图 6.21　拉萨 5～10 月小时降水次数的日变化分布图

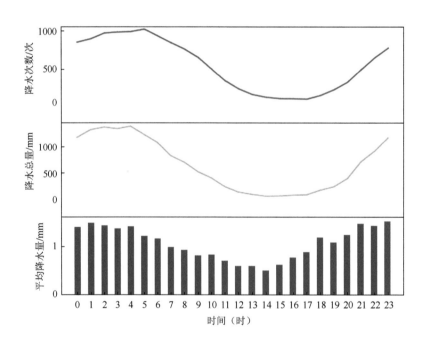

图 6.22　拉萨降水次数、降水总量和平均降水量的日变化

（2）北部型：区域性强降水区在那曲中东部和昌都北部一带，占强降水过程的 13.6%，强降水分别以嘉黎和丁青为中心，其影响范围以偏北的地方为主，此类强降水过程较多，有时会连续发生几天。西太副高位置偏东，伊朗高压东北向发展很明显，

高原上那曲东部至昌都北部受切变线影响，切变线自西部东移至东部地区，副高位置偏东偏北，阻挡切变线东移的速度，造成西藏偏北地区强降水天气。巴尔喀什湖至贝加尔湖附近为北部型强降水环流的低值区，贝加尔湖附近为高压中心，此高压稳定少动，可阻挡高空槽的快速东移，冷空气由高原北部入侵，印度至孟加拉湾一带为宽广的低压带，且低值中心附近的西南风风速较大，有利于南部水汽的输送。东部地区位于显著湿区的湿舌中，500hPa 有低空急流建立，有利于将印度和孟加拉湾地区的暖湿气流向东输送，从而为强降水区提供充沛和源源不断的水汽条件。

（3）沿江型：强降水区以南木林和墨竹工卡为中心，主要降水区域在沿雅鲁藏布江河谷一带，从河谷西边的拉孜到加查一线各地均出现强降水，降水区域宽广，以带状分布在河谷附近，该类型占强降水过程的 17.4%。从高空 500hPa 分析中高纬为"两槽一脊"型，西太副高的位置比较偏西偏南，伊朗高压的中心位置比较偏东，北部巴尔喀什湖附近的低压槽不断分裂冷空气影响高原，南部低值系统比较活跃，西南暖湿气流沿着副高边缘的 584dagpm 线上高原，高原上沿江一线受东移南压的低涡切变影响，冷暖空气在低涡的东南侧交汇，造成低涡附近的强降水。

（4）南部型：降水落区主要出现在日喀则南部和山南南部，约占强降水过程的 8.5%，从影响系统看，主要是受南部热带风暴和低值系统影响，降水落区主要分布在南部边缘的各站。热带风暴在印度半岛附近登陆后，受副热带高压外围偏南气流引导，沿 584dagpm 线北上高原，影响山南南部和林芝地区，西北路径影响日喀则南部和阿里的普兰一带，其东北向移动影响林芝、山南南部和昌都一带，沿江一线东段降水较弱。

（5）西部型：降水落区主要分布在阿里至那曲西部一带，降水落区范围小且降水强度也比东部地区的降水量级小，仅占强降水过程的 7.5%。伊朗高压位置比较偏西偏南。西太副高不断西伸，西伸脊点位置为 25°N、88°E，北界位于 28°N，西藏西部位于伊朗高压和副高之间，咸海附近不断分裂小槽东移南下影响那曲西部和阿里，那曲东部、林芝和昌都位于弱脊控制中，南部低值区位置偏西偏北（25°N、75°E）处为西部的降水发生提供有利于水汽输送的环流场，西部型的强降水均处于高空 500hPa 和 400hPa 槽前或切变线附近。

6.3 西藏暴雪天气的个例分析

暴雪是西藏冬季常见的一种主要气象灾害，发生频率较高。近年来，在全球气候变暖的大背景下，极端天气事件频发，西藏地区大到暴雪过程也频繁发生，加上气温低，易形成积雪和结冰，对道路交通造成了严重的影响，尤其是畜牧业，对动物越冬和饲草造成了极其严重的影响，给人们的经济和生活带来了许多不利因素。本节围绕西藏暴雪天气的典型个例展开，分析高原强降雪的特征和影响系统，从而为高原地区暴雪预报预警提供参考。

6.3.1 西藏大范围极端降雪事件个例的诊断分析

1. 降水实况特征

受孟加拉湾热带风暴"佩太"登陆后外围云系和北部冷空气的共同影响，2018年12月18日00时至19日18时，西藏除阿里地区外均出现大范围雨雪天气，雪后降温过程明显。由图6.23可以看出，此次降水过程降雪量大、范围广，出现了三个强降水中心，分别位于帕里、错那和下察隅，过程降水量在30mm以上。此次降水过程最大降水量出现在山南南部、日喀则南部和林芝东南部，均以降雪为主，最大量级达到暴雪，其中山南南部的错那为40.3mm，最大积雪深度为48cm；隆子为25.5mm，最大积雪深度为24cm；日喀则南部的帕里为22.2mm，最大积雪深度为33cm；拉萨为12mm，最大积雪深度为10cm。林芝市的降水相态最为复杂，林芝西部和波密一带为雪；墨脱至下察隅一带为雨，下察隅降水量为41mm。此次降水过程，全区多站降雪刷新了有气象记录以来的极值，为一次极端降雪事件，其中18日泽当、日喀则、定日等10个站点降水量超历史同期最大值。

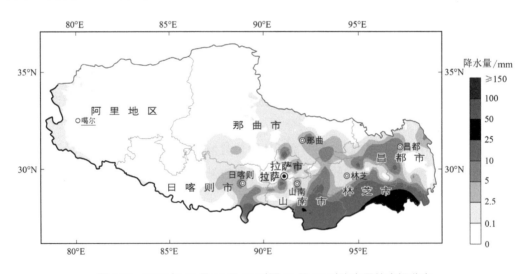

图6.23　2018年12月18日00时至19日18时降水量的空间分布

2. 大尺度环流背景

从500hPa环流场来看，2018年12月18日08时 [图6.24(a)]，欧亚中高纬为

"两槽一脊"的分布形态，巴尔喀什湖附近的低槽不断分裂冷空气南下，西太副高的位置偏西偏南，西伸至孟加拉湾一带，西伸脊点位于 90°E 附近，伊朗高压位置偏西。高原上那曲西部有一低槽东移，高原南侧主要受南支槽的影响，槽前西南气流发展旺盛，高原中东部处于强的西南气流控制中，高原南部印度至孟加拉湾一带西南风风速逐渐增大至 24m/s 以上。此时，山南南部错那附近的西南风速由 16m/s 增大到 26m/s，为错那和南部的降雪持续提供了有利的水汽条件，风速的增大有利于南部暖湿气流北上，加上孟加拉湾热带风暴"佩太"登陆后外围云系逐渐北上，为高原的降水提供了充足的水汽条件 [图 6.24（b）]。高原中东部的比湿均在 1g/kg 以上，拉萨至南部边缘的比湿为 2 ~ 3g/kg。18 日 20 时 [图 6.24（c）]，高原槽不断加深东移并南压，槽线东移至 90°E 附近，南支槽也不断东移，林芝、拉萨、山南和昌都被槽前西南风控制，林芝东南部西南风速增加到 32m/s，林芝附近的比湿增加到 3 ~ 5g/kg[图 6.24（d）]，西南风速的增大有利于南部水汽上高原，同时，500hPa 上昌都北部和林芝附近呈现一条明显的风速辐合区，南部低层 600hPa 西风槽发展并加深，槽前低空急流发展强盛，且向北伸展至林芝一带，为林芝的降水提供充足的条件。18 日 00 时昌都、那曲、林芝和拉萨一带近地表均为一致的偏东风，说明低层有明显的冷空气侵入。此次暴雪天气除了 500hPa 的高空槽和南支槽影响外，低空西南急流的建立，为强降水提供源源不断的水汽，在此过程中其发挥了重要作用（林志强等，2014）。

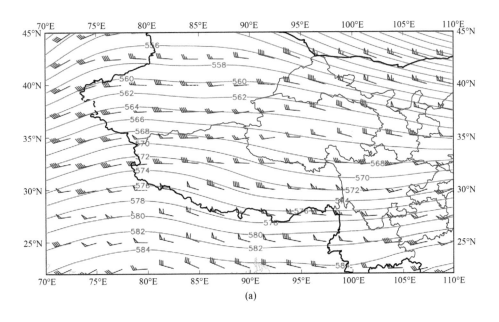

(a)

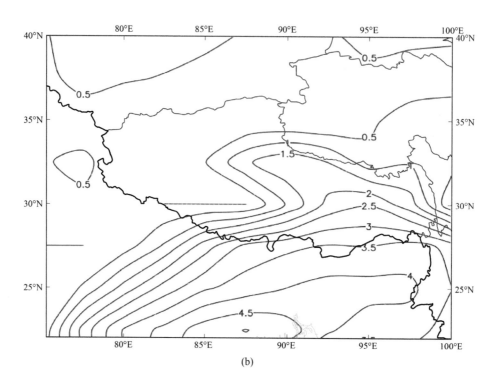

(b)

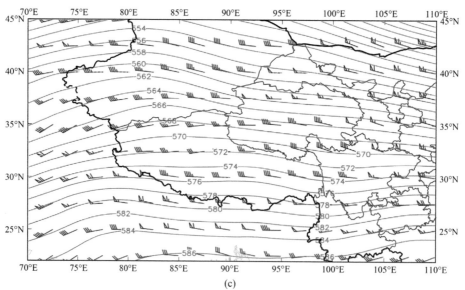

(c)

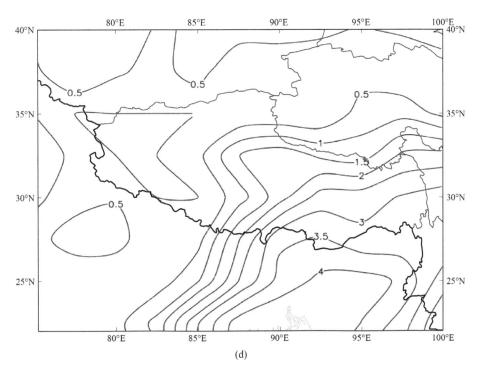

(d)

图 6.24 2018 年 12 月 18 日 08 时 500hPa 环流（a）和比湿（单位：g/kg）（b），以及 18 日 20 时 500hPa 环流（c）和比湿（单位：g/kg）（d）的分布

蓝色等值线为位势高度场（单位：dagpm）

3. 物理量场的诊断分析

图 6.25 为暴雪过程中和过程后的 500hPa 风场、水汽通量及水汽通量散度的分布。高原上暴雪开始前，2018 年 12 月 17 日 20 时 [图 6.25（a）]，75°E ～ 87°E 区域内有一西南—东北向的水汽通量大值区，中心值位于 84°E、25°N 附近，水汽通量散度值为 -8×10^{-8}g/（cm²·hPa·s），印度至高原南部地区受西南气流控制，风速超过 30m/s，有利于南支槽前孟加拉湾的水汽输送。暴雪区帕里和错那附近水汽通量值 ≥ 7g/（cm·hPa·s），沿江一线的水汽通量值 ≥ 3g/（cm·hPa·s）。18 日 08 时 [图 6.25（b）] 印度半岛至南部暴雪区仍受强盛的西南气流控制，水汽通量大值区向东北方向移动，之后降水范围进一步扩大，林芝南侧至印度附近的西南风风速逐渐增大，最大风速超过 28m/s，有利于南部水汽输送，林芝附近的水汽通量散度值为 -8×10^{-8}g/（cm²·hPa·s），水汽通量值 ≥ 5g/（cm·hPa·s），尤其是下察隅至察隅一带水汽通量值 ≥ 7g/（cm·hPa·s），暴雪区和强降水区位于水汽通量辐合中心的东北侧。强降水过程后，19 日 08 时 [图 6.25（c）] 高原转为偏北风，水汽通量高值区东移，南部孟加拉湾至印度半岛的水汽通量值逐渐减小，风速逐渐减弱并以偏西风为主。由此可见，此次暴雪过程中，高原南部地区有一西南—

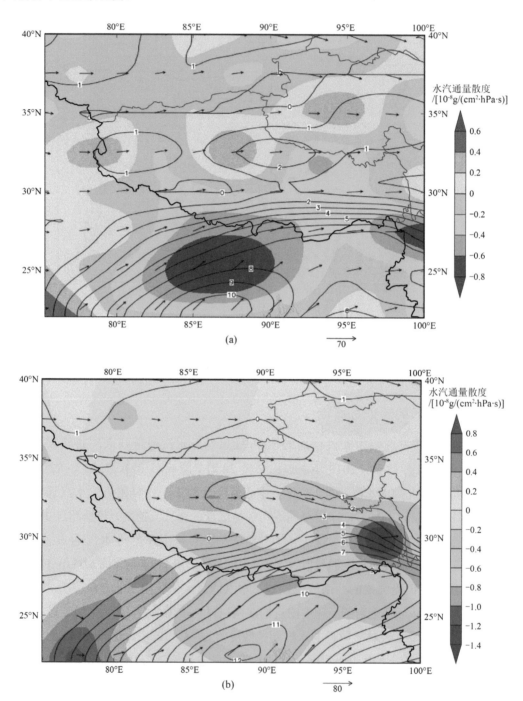

东北向的水汽大值区，为暴雪区提供了充沛的水汽，暴雪出现在水汽通量大值区和水汽辐合中心的东北侧。

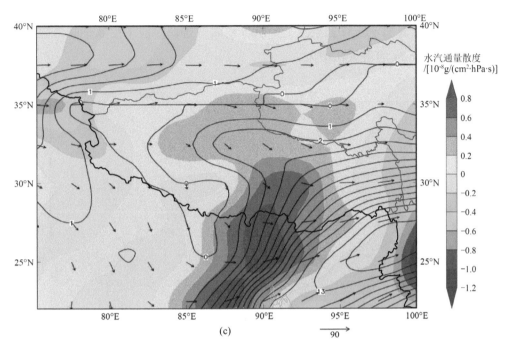

图 6.25　2018 年 12 月 17 日 20 时（a）、18 日 08 时（b）、19 日 08 时（c）500hPa 风场、水汽通量和水汽通量散度

矢量为风场（单位：m/s）；等值线为水汽通量 [单位：g/(cm·hPa·s)]；填色为水汽通量散度

4. 中尺度特征分析

2018 年 12 月 18 日 08 时帕里站降雪量已达 29mm，从帕里站附近云顶亮温（TBB）可见，18 日 02 时 [图 6.26（a）] 南支槽前云系位于印度半岛至高原上，帕里站上空云顶亮温为 –50 ～ –40℃，印度半岛上空有两个云团 a 和 b，其中云团 a 云顶亮温最大值达 –60℃；18 日 04 时后 [图 6.26（b）] 印度半岛上空两个云团向东北方向移动，在帕里附近汇合，汇合后的云团云顶亮温值达 –70 ～ –60℃，此时帕里附近的云团发展最为旺盛，帕里站每小时的降雪量不断递增，平均每小时增加 2mm，18 日 04 ～ 10时帕里的累计降雪量为 14mm，10 时后降雪逐渐减弱。18 日 10 时 [图 6.26（c）]，最强云顶亮温在那曲一带，云顶亮温值为 –60 ～ –50℃，帕里西侧不断有云团东移北上，云团的最强云顶亮温为 –60 ～ –50℃。此时，沿江一线和林芝的最强云顶亮温为 –40 ～ –30℃，沿江一线和林芝出现降水。18 日 15 时 [图 6.26（d）] 高原西部日喀则一带不断出现云团，云团的范围明显扩大，在沿雅鲁藏布江至拉萨附近和下察隅处分别有两个云团 a 和 b 影响，云团的最强云顶亮温为 –55℃；18 日 16 时之后，云团 a 东移南压影响到拉萨，与此时段内该地区的强降水相对应；18 日 16 ～ 20 时拉萨累计降水量达 5.4mm，以平均每小时 1mm 的降雪量递增；下察隅附近的云团

b 东移北上，下察隅附近的最强云顶亮温为 –45℃，下察隅的降水持续，且逐小时雨强不大，同时南部不断有云系北上影响下察隅一带，对应下察隅小时雨强逐渐增大，以每小时 2mm 的雨量在增大。

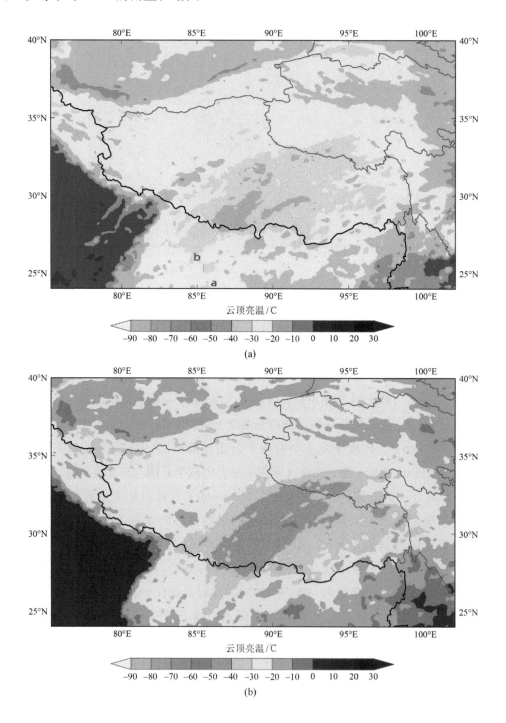

云顶亮温/℃

(a)

云顶亮温/℃

(b)

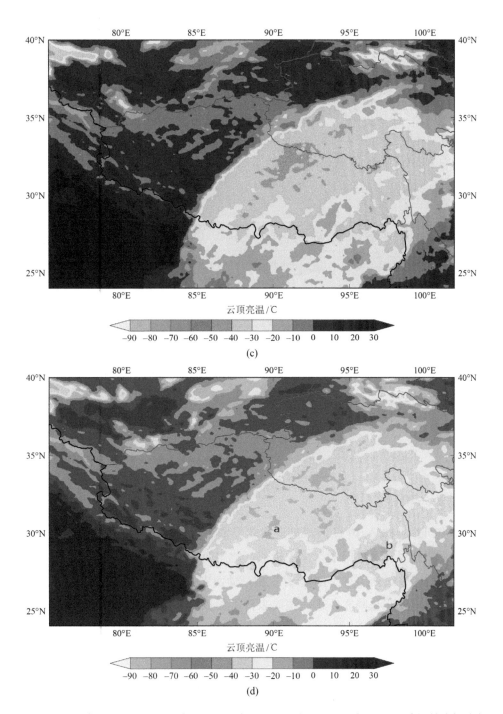

图 6.26 2018 年 12 月 18 日 02 时（a）、04 时（b）、10 时（c）、15 时（d）云顶亮温的空间分布
图中 a、b 表示云团位置

2018 年 12 月 18 日的中尺度分析特征与降水落区配置比较吻合，如图 6.27 所示。

受 500hPa 高原槽、南支槽和高低空急流影响，西藏东部地区处于 200hPa 高空急流的右侧，最大风速为 32m/s，出现较强辐散。从 500hPa 上看，温度槽位于阿里东部至那曲西部一带，高原槽位于那曲中部至日喀则上空，那曲东部至昌都北部存在一条很明显的辐合区，西藏东部地区位于显著湿区的湿舌中，拉萨、山南和林芝的温度露点差 ≤ 3℃，其中林芝东南部察隅和下察隅一带的温度露点差为 1℃，500hPa 低空急流比较明显，地面上高原中东部以负变压控制为主，变压中心位于沿雅鲁藏布江至昌都一带，变压中心为 –8hPa，此时西藏东部地区基本形成上冷下暖、低层暖平流、高层冷平流的天气形势。

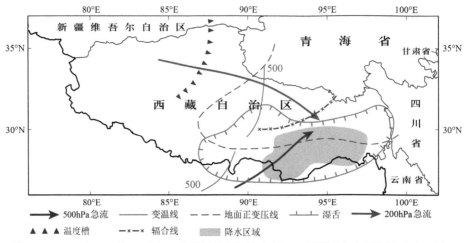

图 6.27　2018 年 12 月 18 日中尺度分析特征与降水落区配置图（灰色阴影为降水区域）

5. 结论与探讨

2018 年 12 月 18 ~ 19 日西藏出现极端降水过程，降雪量大且降水相态复杂，多个台站降雪刷新了有气象记录以来的极值；此次西藏高原的大范围极端降雪过程中，欧亚中高纬地区 500hPa 为"两槽一脊"型，受南支槽、高原槽以及西南高低空急流的配合，高原上出现明显降雪；水汽主要来自孟加拉湾，同时西南风风速增大，有利于水汽通量大值区向东北方向移动；卫星云图中云顶亮温分布反映出降雪期间不断有云团发展和东移，高低空的配置有利于强降水天气的发生。

6.3.2　聂拉木特大暴雪事件的个例诊断分析

1. 天气实况

2020 年 1 月 16 ~ 18 日受南支槽影响，西藏日喀则南部、阿里南部和那曲西部出现了大雪或暴雪天气，其中聂拉木出现了特大暴雪，并伴有大风天气（图6.28）。此次过程，各站累计降水量分别为聂拉木100.7mm（积雪深度83mm）、樟木53.3mm（降雨，无积雪深度）、吉隆（镇）16.3mm、亚东9.5mm、帕羊9.4mm、吉隆（县）8.4mm、仲巴7.5mm、尼玛6.8mm、古格土林5.8mm和札达5.7mm。聂拉木降雪开始时间为16日16时，从逐3h降雪量分布可以看出，聂拉木降雪主要集中在16日夜间至17日白天。16日20时至17日20时，聂拉木日降水量达79.8mm（16日夜间降水量27.9mm，17日白天降水量51.9mm），日降水量突破建站以来1月中旬的极值（2002年1月16日为67mm），也是建站以来1月的第二高值（极值为1989年1月8日195.5mm）（宋善允等，2013）。

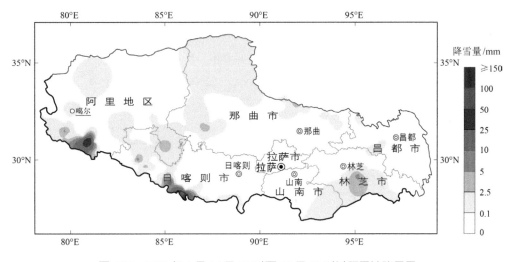

图6.28 2020年1月16日08时至18日08时过程累计降雪量

2. 环流分析

从500hPa环流来看，此次过程对应中高纬基本维持为"两槽一脊"型，两槽分别位于巴尔喀什湖和我国东北部地区，贝加尔湖一带为宽广的脊区［图6.29(a)］。16日08时，青藏高原70°E以西受南支槽影响，高原西部受槽前西南气流控制，西南风速达16m/s，16日20时，南支槽略东移至73°E附近，槽前西南风速明显增大，达到20m/s，形成低空急流，有利于水汽向高原输送［图6.29(b)］；17日08时，南支槽继续东移，位于75°E附近，槽前西南风速达22m/s，聂拉木附近风速辐合明显，有利于降雪天气［图6.29(c)］；18日08时，位于巴尔喀什湖附近的槽东移至贝加尔湖以南，巴尔喀什湖一带为弱脊区，冷空气较弱，高原西部的南支槽减弱，环流逐渐平直，高原西部和西南部受偏西气流控制，降水趋于结束［图6.29(d)］。

　　1月16日08时，整个高原200hPa上空受到偏西风气流控制，且风速很大，形成高空急流；20时高空风由西风转为西南风，风速在60m/s以上，这种高空辐散抽吸作用使其下方形成次级环流，有利于高低空的对流（吴庆梅等，2014）；17日08时急流位置略微东移南压，18日08时急流位置略有北抬，风速较前期有所减弱。

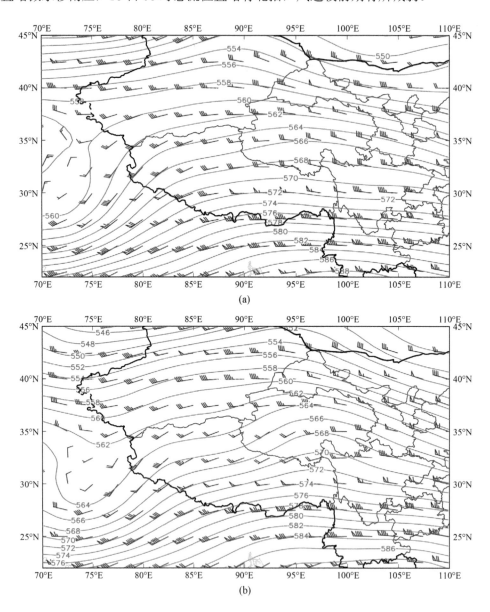

(a)

(b)

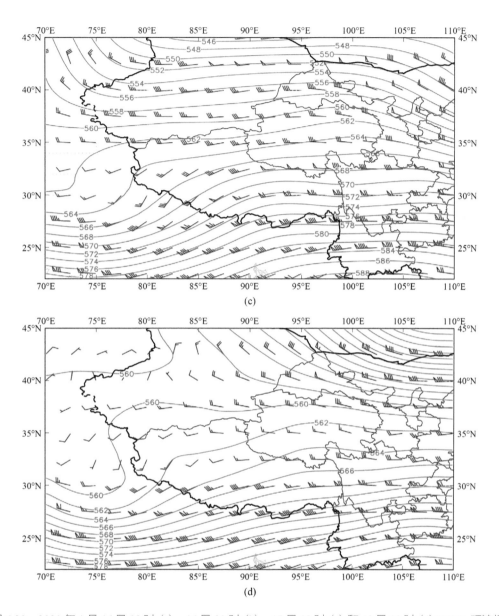

图 6.29 2020 年 1 月 16 日 08 时（a）、16 日 20 时（b）、17 日 08 时（c）和 18 日 08 时（d）500hPa 环流场
等值线为位势高度场（单位：dagpm）

3. 地面分析

如图 6.30 所示，聂拉木降水发生前期，16 日夜间以升温为主，17 日 02 时出现降温。当聂拉木降水发生时，地面气压也开始降低，当降水强度增大 (17 日 14 时、17 时和 20时逐三小时降水量都超过 10mm) 时，气温变化不明显。聂拉木在降水过程中地面基本受东南风影响，且风速较大，在 10m/s 以上，最大风速达到 26m/s。

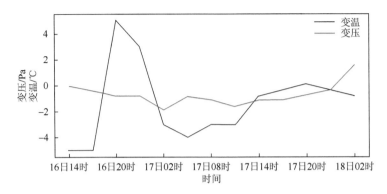

图 6.30　2020 年 1 月 16 日 14 时～ 18 日 02 时聂拉木逐小时的变压和变温

4.水汽条件

16 日 08 时，水汽通量大值区位于印度西部，受西南气流影响，水汽通量大值区向东北方向移动，水汽通量散度在高原西部为负值 [图 6.31（a）]。16 日 20 时至 17 日 08 时，聂拉木位于水汽通量散度负值区的边缘，此时，水汽通量的大值区移至印度东北部，聂拉木的水汽通量为 5 ～ 6g/（cm·hPa·s），有利于降水的维持 [图 6.31（b）和图 6.31（c）]。18 日 08 时，水汽通量的大值区移到西藏东部和四川西部一带，此时，聂拉木的水汽通量值下降到 1.5g/（cm·hPa·s），水汽条件变差，降水结束 [图 6.31（d）]。

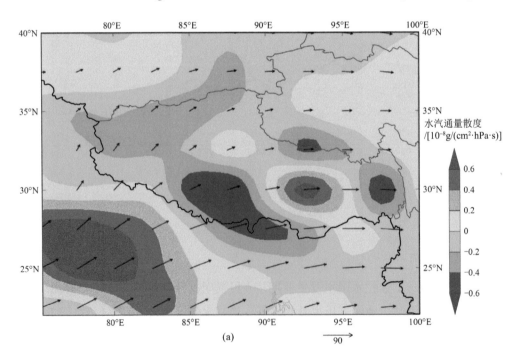

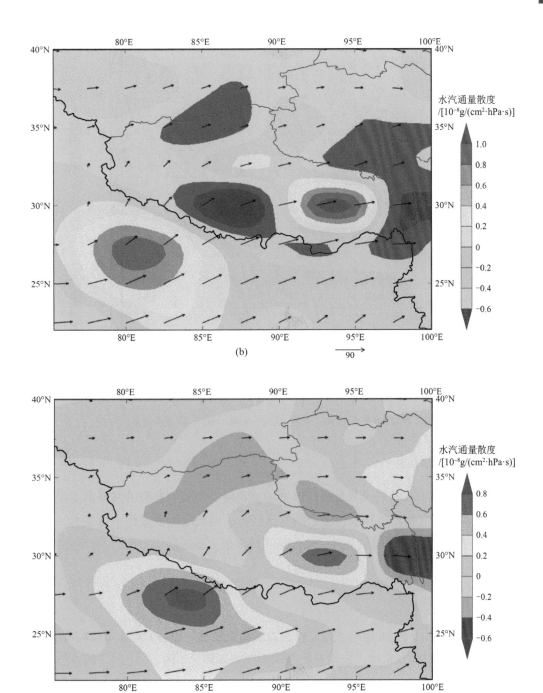

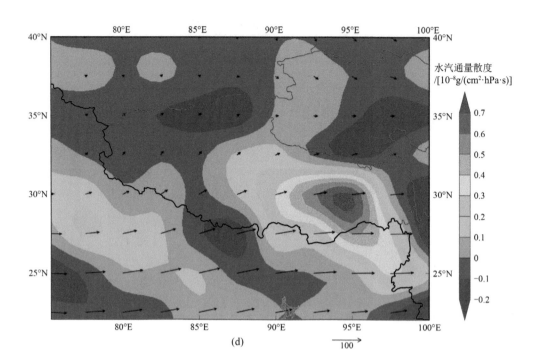

图 6.31 2020 年 1 月 16 日 08 时（a）、16 日 20 时（b）、17 日 08 时（c）和 18 日 08 时（d）500hPa 水汽
通量和水汽通量散度

矢量箭头为水汽通量 [单位：g/(cm·hPa·s)]；填色为水汽通量散度

5. 动力条件分析

此次聂拉木特大暴雪天气过程在散度场上表现不明显。典型的强降水过程在散度场上应表现为高空强辐散和低层辐合的垂直结构，但此次降雪过程中聂拉木一直处于整层正散度区内，唯一的有利条件是高层的正散度值大于低层，说明高层有更强的辐散，对中、低层有强的抽吸作用。

6. 卫星云图

2020 年 1 月 16 日 00 时由于南支槽离青藏高原较远，槽前云系主要影响高原以西，16 日 11 时南支槽略有东移，云系开始影响西藏阿里地区 [图 6.32（a）]；阿拉伯海至高原有一个明显的水汽输送带，主要影响阿里南部和日喀则西南部的昂仁一带，14 时随着南支槽的进一步东移，槽前云系开始影响聂拉木，云顶亮温值为 –40℃ [图 6.32（b）]；17 日 12 时开始，南部和北部的主体云系已上高原，影响吉隆至聂拉木一带，云顶亮温值为 –40.2℃ [图 6.32（c）]，此时聂拉木站的小时雪量也较为明显，最大小时雪量为 17日 17 时 18.3mm，降雪维持到 18 日 04 时 [图 6.32（d）]。

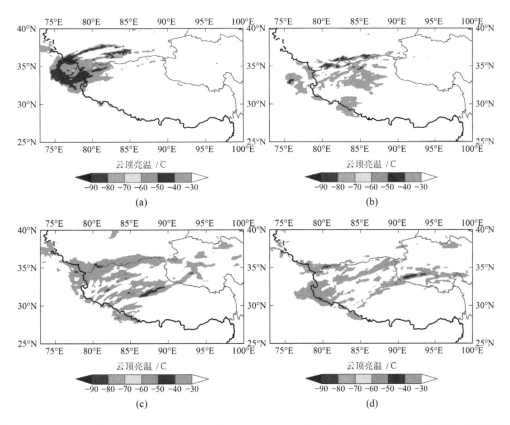

图 6.32　2020 年 1 月 16 日 11 时（a）、16 日 14 时（b）、17 日 12 时（c）和 18 日 04 时（d）的云顶亮温
分布

7. 小结

中高纬为稳定的"两槽一脊"型，高、低空急流的维持是聂拉木暴雪的重要原因；聂拉木降水开始时地面气压下降明显，但当降水强度增加时地面气压变化不大，气温变化很大；聂拉木特殊的地形对其暴雪天气的产生有明显的作用。

第7章
藏东南地区气候变化模拟与评估

7.1　地球系统模式 CAS-ESM 及试验设计

CAS-ESM 是由中国科学院大气物理研究所牵头研发的地球系统模式，首个版本的 CAS-ESM1.0 于 2015 年 9 月发布，最近版本的 CAS-ESM2.0 于 2020 年 1 月定型，并参加了第六次国际耦合模式比较计划（CMIP6）(Zhang et al.，2020)。CAS-ESM2.0 包括 8 个分量模式：大气环流模式 IAP AGCM5.0、海洋环流模式 LICOM2、陆面过程模式 CoLM、海冰模式 CICE4、植被动力学模式 IAP DGVM、气溶胶和大气化学模式 IAP AACM、海洋生物地球化学模式 IAP OBGCM 以及陆地生物地球化学模式 CoLM-BGCM。其中，大气环流模式 IAP AGCM5.0 有三种分辨率的版本：1.4°×1.4°、0.5°×0.5° 和 0.23°×0.31°。相对而言，高分辨率版本能够更精细地刻画地形特征，在青藏高原地区的模拟能力要显著优于低分辨率版本。本章将重点分析 0.23°×0.31° 分辨率的大气环流模式 IAP AGCM5.0 对藏东南地区气候变化的模拟能力。用到的试验结果来自大气模式对比计划（AMIP）试验，积分时段为 1977 ~ 2014 年，取 1979 ~ 2014 年的结果进行分析 [1977 ~ 1978 年作为预启动（spin-up）时间]，试验设计见表 7.1。

表 7.1　CAS-ESM2.0 的 AMIP 试验设计

模式名称	分辨率	初始场	外强迫场	积分时段
CAS-ESM2.0 大气环流模式 IAP AGCM5.0	0.23°×0.31°×35L 模式顶 2.2hPa	气候态积分 10 年得到	CMIP6 指定的外强迫场数据（海温、海冰密集度、温室气体浓度、臭氧浓度、气溶胶排放）(Eyring et al.，2016)	1977 ~ 2014 年

7.2　温度的模拟评估

图 7.1 给出了 1979 ~ 2014 年 CN05.1、CAS-ESM2.0 在藏东南地区的年均气温分布以及二者的差异。CN05.1 观测显示，藏东南地区气温呈现东南—西北方向的递减，其中东南部边缘地区年均气温较高，最高值超过 21℃，北部年均气温最低值在 –8℃ 以下。CAS-ESM2.0 能够较准确地模拟出年均气温东南高、西北低的空间分布，与 CN05.1 观测的空间相关系数为 0.96，模拟的东南部的年均气温最高达 23℃，北部最低，为 –12℃ 左右；相较于 CN05.1 观测的均方根误差为 3.53℃。从两者年均气温差异的空间分布看 [图 7.1（c）]，模式在藏东南地区模拟的气温整体偏低，特别是在藏东南的东北部与西部，低估可达 3℃，这与大多数模式的冷偏差接

近（陈炜等，2021），这可能与当前模式对青藏高原下垫面类型刻画不准确以及冰雪反馈过强有关。

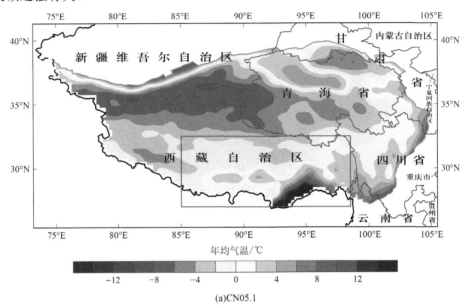

(a)CN05.1

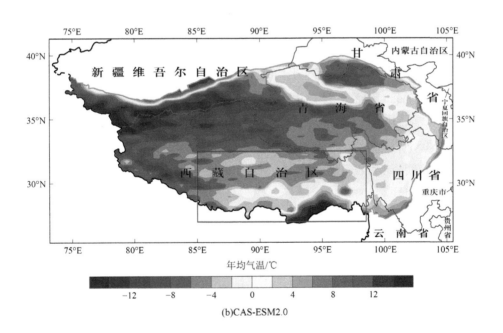

(b)CAS-ESM2.0

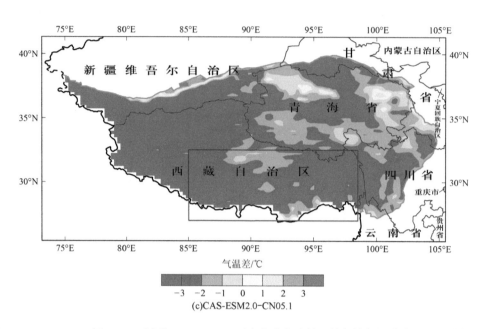

图7.1　1979～2014年CN05.1(a)和CAS-ESM2.0(b)在藏东南地区的年均气温分布及两者的差异(c)

CN05.1资料显示，藏东南地区气温具有明显的季节变化特征，表现为冬冷夏热（图7.2）。夏季，气温在3℃以上，其东南边缘地区可达28℃；冬季除东南边缘地区外，大部分区域气温小于0℃，西北部地区气温较低，低于–10℃。春、秋季的气温分布较为相似，在–5℃～22℃，秋季的区域平均气温略高。CAS-ESM2.0可以模拟出藏东南地区气温的季节变化特征，与春、夏、秋、冬四个季节观测模拟的气温的均方根误差分别为3.55℃、2.09℃、3.34℃、5.44℃，冬、春季节的均方根误差最大，夏季最小；各季节CAS-ESM2.0与CN05.1观测气温的空间相关系数在四个季节都在0.9以上，可很好地反映出不同季节气温的空间分布特征；CAS-ESM2.0对藏东南地区北部、西北部的四季气温均有低估，其中冬季低估最明显。

从年际变化来看（图7.3），CN05.1资料观测的区域平均气温在0～2℃，1997年区域平均气温最低；1979～2014年气温呈现0.39℃/10a的上升趋势。CAS-ESM2.0模拟的区域平均气温为–1～1℃，对比CN05.1气温数据低估了区域平均气温，这主要是对北部、西北部的气温低估造成的。模式模拟出藏东南地区平均气温呈上升趋势，每10年约上升0.18℃。另外，模式对气温的年际变化也有一定的模拟能力。

从年际变率来看（图7.4），CN05.1显示藏东南地区年际变率在0.4～0.8℃，其中北部的年际变率更大；CAS-ESM2.0模拟出藏东南地区的年际变率数值范围与空间分布，东南部年际变率略偏小。

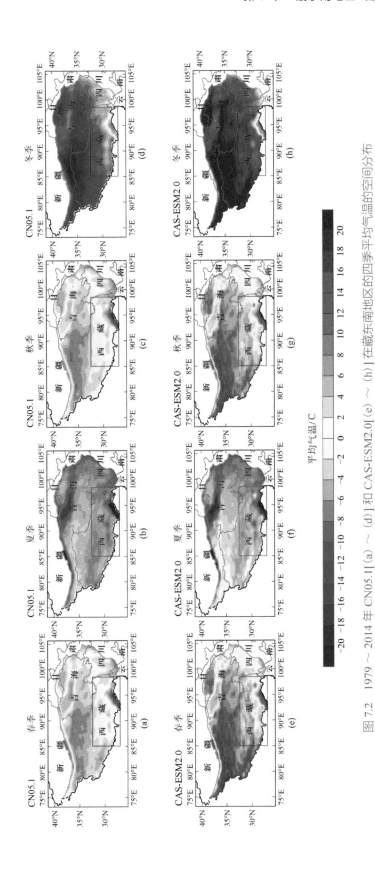

图 7.2　1979 ~ 2014 年 CN05.1[(a) ~ (d)] 和 CAS-ESM2.0[(e) ~ (h)] 在藏东南地区的四季平均气温的空间分布

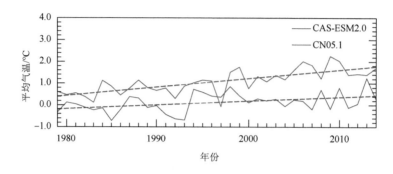

图 7.3　1979～2014 年 CN05.1 和 CAS-ESM2.0 在藏东南地区的区域平均气温

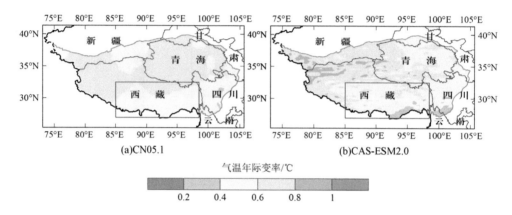

图 7.4　1979～2014 年藏东南地区的气温年际变率空间分布

从季节循环来看（图 7.5），藏东南地区 4～10 月区域平均气温处于 0℃以上，其中 7 月区域平均气温最高，在 8℃以上。与 CN05.1 相比，CAS-ESM2.0 很好地模拟出

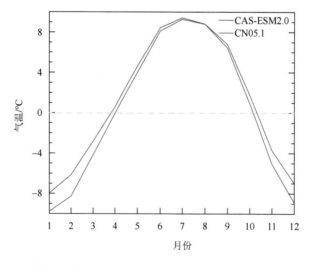

图 7.5　藏东南地区 1979～2014 年的气温季节循环

气温的季节循环特征，4 ～ 10 月区域平均气温与 CN05.1 接近，但冬季气温有所偏低，在 1 ～ 2 月低估最大，可达 2℃。

综上所述，CAS-ESM2.0 在藏东南地区可较好地模拟出年均气温、季节平均气温的空间分布，偏差主要表现为，西部、北部的气温有所低估，特别在冬季，低估较明显。CAS-ESM2.0 也能够准确地模拟出气温的上升趋势及年际变率空间分布特征。

7.3　降水的模拟评估

图 7.6 给出了 1979 ～ 2014 年 CN05.1 和 CAS-ESM2.0 在藏东南地区的年均降水分布以及二者的降水差异。CN05.1 观测显示，藏东南地区降水呈现东部多、西部少的空间特征，其中东南部年均降水最高约可达 4mm/d，西北部年均降水最低，约 0.66mm/d。CAS-ESM2.0 模拟的年均降水在藏东南地区的东南部最大可超过 6mm/d，在其西部最低为 0.31mm/d，与 CN05.1 观测的均方根误差为 3.04mm/d。从两者年均降水差异的空间分布看 [图 7.6（c）]，CAS-ESM2.0 在藏东南地区大部分区域模拟的降水偏高，在西部少雨区对降水略有低估。多数 CMIP6 模式均存在对青藏高原降水高估的偏差，这与模式在地形陡峭地区降水频率模拟过多有关（肖雨佳等，2022），表明模式的对流参数化方案有待改进。CAS-ESM2.0 与 CN05.1 年均降水的空间相关系数为 0.50，且通过了 95% 的显著性检验，可以较好地模拟出年均降水的空间分布特征。

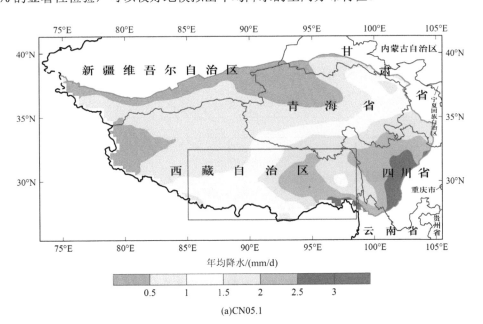

(a)CN05.1

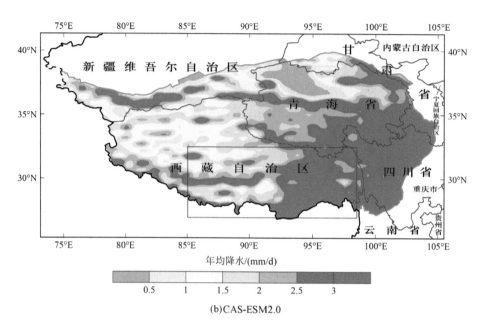

年均降水/(mm/d)

0.5　　1　　1.5　　2　　2.5　　3

(b)CAS-ESM2.0

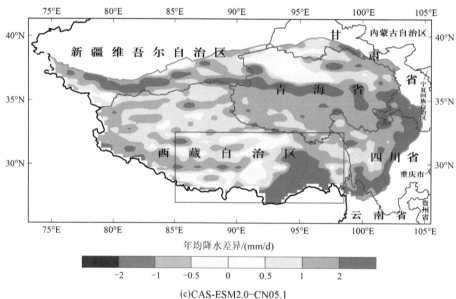

年均降水差异/(mm/d)

-2　　-1　-0.5　0　0.5　1　2

(c)CAS-ESM2.0-CN05.1

图 7.6　1979～2014 年 CN05.1(a) 和 CAS-ESM2.0(b) 在藏东南地区的年均降水分布及两者年均降水
差异(c)

　　CN05.1 资料显示，藏东南地区降水具有明显的季节变化特征，表现为雨热同期：夏季降水最多，其东部、中部降水高于 5mm/d；冬季降水较少，全区域普遍低于 0.5mm/d（图 7.7）。春、秋季降水的空间分布呈现由东南向西北递减的特征，其中藏东南地区东南部春季降水高于秋季，而西部春季降水低于秋季。CAS-ESM2.0 可以模拟出藏东南地

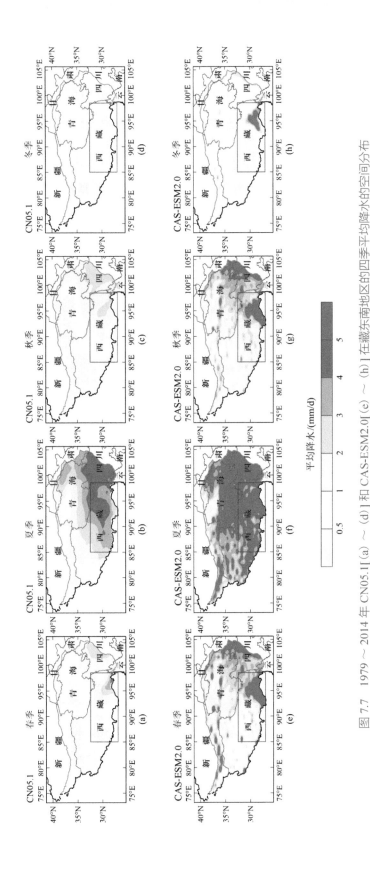

图 7.7　1979 ~ 2014 年 CN05.1[(a) ~ (d)] 和 CAS-ESM2.0[(e) ~ (h)] 在藏东南地区的四季平均降水的空间分布

区降水季节间的变化特征，但在东南部四季均高估了降水量值；春、夏、秋、冬四季的均方根误差分别为 4.50mm/d、4.00mm/d、2.75mm/d、1.80mm/d，春、夏季降水误差相对更大。CAS-ESM2.0 的春季降水与 CN05.1 的空间相关系数为 0.75，且通过 95% 的显著性检验，能够较好地体现出春季降水东南多、西北少的特点；CAS-ESM2.0 的夏季降水与 CN05.1 的空间相关较弱，呈现出全区域对降水的高估。

从年际变率来看（图 7.8），CN05.1 显示藏东南地区降水年际变率在 0.1 ～ 0.35mm/d，呈现东南高、西北低的空间分布特征；CAS-ESM2.0 能够较好地模拟上述降水年际变率的空间分布特征，但高估了东南部降水的年际变率。

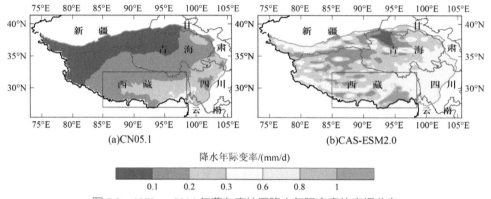

图 7.8　1979 ～ 2014 年藏东南地区降水年际变率的空间分布

从季节循环来看（图 7.9），藏东南地区降水主要集中在 6 ～ 9 月，其中 7 月区域平均降水最多，可达 4mm/d。尽管 CAS-ESM2.0 对年内各月降水的模拟存在系统性高估，但还是较好地模拟出与 CN05.1 降水一致的季节循环特征。

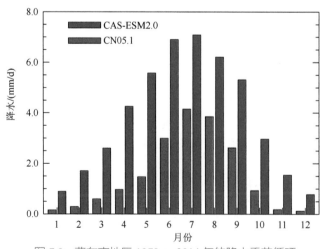

图 7.9　藏东南地区 1979 ～ 2014 年的降水季节循环

综上所述，CAS-ESM2.0 可以模拟出藏东南地区年均降水的空间分布特征，在四个季节中，春季的空间特征模拟最好，夏季偏差较大，主要是全区整体上对降水均有高估。此外，CAS-ESM2.0 对降水年际变率的空间分布和季节循环特征具有较好的模拟能力。

7.4 积雪的模拟评估

本节基于"中国雪深长时间序列数据集"[①]（简称 SD_Che），对 CAS-ESM2.0 在藏东南地区的积雪深度模拟进行了评估。图 7.10 给出了 1979～2014 年 SD_Che、CAS-ESM2.0 在藏东南地区的年均积雪深度分布以及二者的积雪深度差异。SD_Che 积雪深度资料显示，对于藏东南地区，积雪深度在东北部唐古拉山脉最高，最大值超过 10cm，西北部年均积雪深度较低，在 1cm 以下。CAS-ESM2.0 与 SD_Che 年均积雪深度的均方根误差为 28.66cm，空间相关系数为 0.22，CAS-ESM2.0 可以模拟出年均积雪深度在东部高、西部低的空间分布特征。在藏东南地区西部，CAS-ESM2.0 对积雪深度略有高估，部分地区有所低估，但对东南部的年均积雪深度有明显的高估，最高可达 15cm 以上 [图 7.10（c）]，这与 CAS-ESM2.0 在此区域对降水的高估和对气温的低估有关。

SD_Che 资料显示，藏东南地区在冬季和春季积雪深度较大，冬季藏东南地区东北部山脉的积雪深度可达到 20cm；夏季处于基本无雪状态；秋季积雪主要存在于东北部

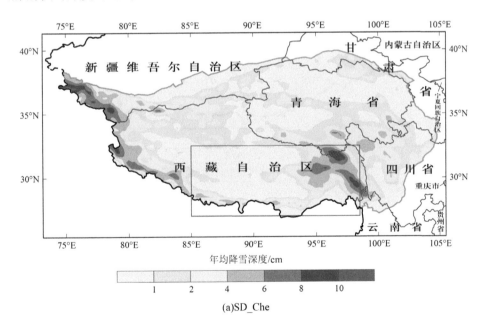

(a)SD_Che

---

① 车涛，戴礼云 . 2015. 中国雪深长时间序列数据集（1979-2021）. 时空三极环境大数据平台 .

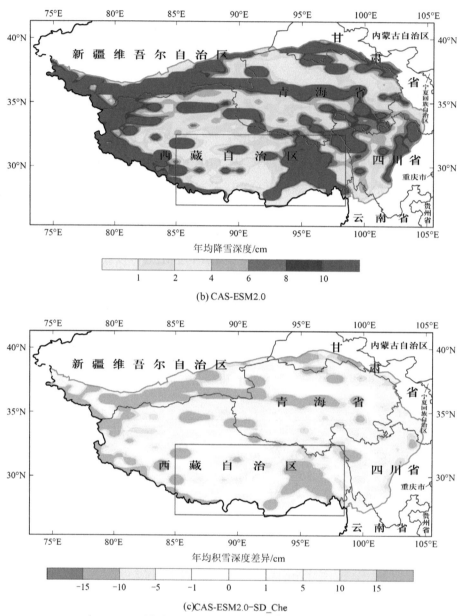

年均降雪深度/cm

(b) CAS-ESM2.0

年均积雪深度差异/cm

(c)CAS-ESM2.0-SD_Che

图 7.10 1979 ～ 2014 年 SD_Che (a) 和 CAS-ESM2.0 (b) 在藏东南地区的年均积雪深度分布及两者年均积雪深度差异 (c)

山脉地区，积雪深度小于 6cm。CAS-ESM2.0 可以模拟出藏东南地区积雪深度的季节变化特征，但春、夏、秋、冬四个季节的均方根误差分别为 46.60cm、17.88cm、19.58cm、36.70cm，冬、春季绝对误差较大，对应于这两个季节的积雪较多；对东北部唐古拉山脉的积雪深度在四季都存在高估，其中春季高估最大，可达 20cm，这与降水偏多以及融雪过程偏差相关（图 7.11）。

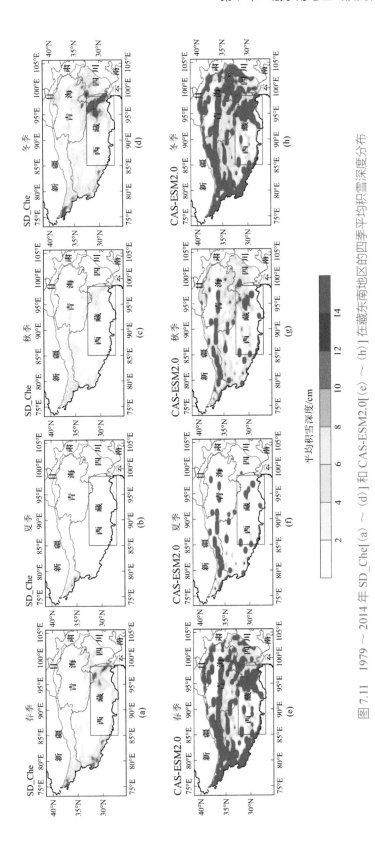

图 7.11 1979 ~ 2014 年 SD_Che[(a) ~ (d)] 和 CAS-ESM2.0[(e) ~ (h)] 在藏东南地区的四季平均积雪深度分布

从年际变化上来看（图 7.12），SD_Che 的区域平均积雪深度在 1～3cm，1979～2014 年积雪深度呈现 –0.23cm/10a 的下降趋势。CAS-ESM2.0 模拟的区域平均积雪深度在 8～16cm，与观测相比有所高估，这主要是 CAS-ESM2.0 对东北部山脉地区的积雪深度高估造成的。CAS-ESM2.0 模拟出藏东南地区积雪深度与 SD_Che 接近的下降趋势，为 –0.22cm/10a，但对其年际变化的模拟能力较低。

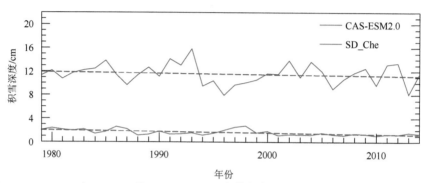

图 7.12　1979～2014 年 SD_Che 和 CAS-ESM2.0 在藏东南地区的区域平均积雪深度的年际变化

从季节循环来看（图 7.13），藏东南地区 SD_Che 积雪深度范围为 0～4cm，其中 1 月区域平均积雪深度最大，6～9 月基本无雪覆盖。CAS-ESM2.0 模拟的雪深范围为 2～24cm，各月都对藏东南地区积雪深度有高估；积雪深度峰值出现在 3 月，比观测滞后约两个月。

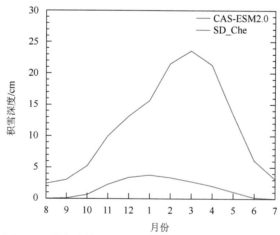

图 7.13　藏东南地区 1979～2014 年的积雪深度季节循环

综上所述，CAS-ESM2.0 可以大致再现藏东南地区积雪深度的空间分布与季节循环特征。从空间变化上看，CAS-ESM2.0 对东北部山区的积雪深度有明显的高估，且春季高估最明显；从时间变化上看，模拟的积雪深度峰值迟滞观测两个月，且低估了藏东南地区积雪深度的年际变率。

参考文献

陈炜，姜大膀，王晓欣．2021. CMIP6 模式对青藏高原气候的模拟能力评估与预估研究．高原气象，40: 1455-1469.

程国栋，赵林，李韧，等．2019.青藏高原多年冻土特征、变化及影响．科学通报，64: 2783-2795.

次央，次仁旺姆，德吉，等．2021. 1961～2015 年青藏高原极端气温事件的气候变化特征．高原山地气象研究，41: 108-114.

林祥．1979.北羌塘夏季一次强降温过程．气象，5(4): 21-22.

林志强，假拉，薛改萍，等．2014. 1980～2010 年西藏高原大到暴雪的时空分布和环流特征．高原气象，33: 900-906.

刘胜胜，周顺武，吴萍，等．2021.青藏高原东部冬季降水对北极涛动异常的响应．气象学报，79: 558-569.

宋善允，王鹏祥，杜军．2013.西藏气候．北京：气象出版社．

王玉佩．1985. 1979 年夏季青藏高原冷空气活动个例分析．高原气象，4: 289-292.

吴佳，高学杰．2013.一套格点化的中国区域逐日观测资料及与其它资料的对比．地球物理学报，56: 1102-1111.

吴庆梅，杨波，王国荣．2014.北京地区一次回流暴雪过程的锋区特征分析．高原气象，33: 539-547.

肖雨佳，李建，李妮娜．2022. CMIP6 HighResMIP 高分辨率气候模式对青藏高原降水模拟的评估．暴雨灾害，41: 215-223.

张小玲，张涛，刘鑫华，等．2010.中尺度天气的高空地面综合图分析．气象，36: 143-150.

中国气象局气候变化中心．2021.中国气候变化蓝皮书 2021.北京：科学出版社．

朱乾根，林锦瑞，寿绍文，等．2007.天气学原理和方法（第四版）．北京：气象出版社．

Alexander L V, Zhang X, Peterson T C, et al. 2006. Global observed changes in daily climate extremes of temperature and precipitation. Journal of Geophysical Research (Atmospheres), 111: D05109.

Cen S, Chen W, Chen S, et al. 2020. Potential impact of atmospheric heating over East Europe on the zonal shift in the South Asian high: The role of the Silk Road teleconnection. Scientific Reports, 10: 6543.

Ding Q, Wang B. 2005. Circumglobal teleconnection in the Northern Hemisphere summer. Journal of Climate, 18: 3483-3505.

Enomoto T, Hoskins B J, Matsuda Y. 2003. The formation mechanism of the Bonin high in August. Quarterly Journal of Royal Meteorological Society, 129: 157-178.

Eyring V, Bony S, Meehl G A, et al. 2016. Overview of the Coupled Model Intercomparison Project Phase 6 (CMIP6) experimental design and organization. Geoscientific Model Development, 9: 1937-1958.

Guo D, Pepin N, Yang K, et al. 2021. Local changes in snow depth dominate the evolving pattern of elevation-dependent warming on the Tibetan Plateau. Science Bulletin, 66: 1146-1150.

Hersbach H, Bell B, Berrisford P, et al. 2020. The ERA5 global reanalysis. Quarterly Journal of Royal

Meteorological Society, 146: 1999-2049.

Hu S, Zhou T, Wu B. 2021. Impact of developing ENSO on Tibetan Plateau summer rainfall. Journal of Climate, 34: 3385-3400.

Huang B, Thorne P W, Banzon V F, et al. 2017. Extended reconstructed sea surface temperature, version 5 (ERSSTv5): Upgrades, validations, and intercomparisons. Journal of Climate, 30: 8179-8205.

Huang J, Yu H, Guan X, et al. 2016. Accelerated dryland expansion under climate change. Nature Climate Change, 6: 166-171.

IPCC. 2021. Climate Change 2021: The Physical Science Basis//Masson-Delmotte V, Zhai P, Pirani A, et al. Contribution of Working Group I to the Sixth Assessment Report of the Intergovernmental Panel on Climate Change. Cambridge: Cambridge University Press.

Li C, Lu R, Bett P E, et al. 2018. Skillful seasonal forecasts of summer surface air temperature in western China by global seasonal forecast system version 5. Advances in Atmospheric Sciences, 35: 955-964.

Lu R, Fu Y. 2010. Intensification of East Asian summer rainfall interannual variability in the twenty-first century simulated by 12 CMIP3 coupled models. Journal of Climate, 23: 3316-3331.

Lu R, Oh J H, Kim B J. 2002. A teleconnection pattern in upper-level meridional wind over the North African and Eurasian Continent in summer. Tellus A, 54: 44-55.

Ma Q, You Q, Ma Y, et al. 2021. Changes in cloud amount over the Tibetan Plateau and impacts of large-scale circulation. Atmospheric Research, 249: 105332.

Mu C, Abbott B W, Norris A J, et al. 2020. The status and stability of permafrost carbon on the Tibetan Plateau. Earth-Science Reviews, 211: 103433.

Na Y, Lu R, Fu Q, et al. 2021. Precipitation characteristics and future changes over the southern slope of Tibetan Plateau simulated by a high-resolution global nonhydrostatic model. Journal of Geophysical Research (Atmospheres), 126: e2020JD033630.

Qu X, Huang G. 2020. CO_2-induced heat source changes over the Tibetan Plateau in boreal summer-part II: the effects of CO_2 direct radiation and uniform sea surface warming. Climate Dynamics, 55: 1631-1647.

Xie P, Arkin P A. 1997. Global precipitation: A 17-year monthly analysis based on gauge observations, satellite estimates, and numerical model outputs. Bulletin of American Meteorological Society, 78: 2539-2558.

Zhang H, Zhang M, Jin J, et al. 2020. Description and climate simulation performance of CAS-ESM version 2. Journal of Advances in Modeling Earth Systems, 12: e2020MS002210.

西风带关键区野外考察日志

1. 科考小组信息

小组名称：青藏高原北坡西风带关键区科考小组；

所属任务：西风－季风协同作用及其影响；

专题类型：气候变化与西风－季风协同作用；

组长：陆日宇 研究员（中国科学院大气物理研究所）；

执行组长：李超凡 副研究员（中国科学院大气物理研究所）；

组员人数：40 人。

2. 野外考察概况

（1）野外考察时间：2022 年 8 月 8 ～ 13 日。

（2）野外考察区域：新疆维吾尔自治区巴音郭楞蒙古自治州且末县、和田地区民丰县。

（3）野外考察主要内容：沿塔克拉玛干沙漠和中昆仑山开展综合科学考察，考察青藏高原北坡主要大气和地表状况，在中昆仑山建立六要素北斗传输自动站，监测天气气候状态，探寻西风带关键区可能水汽输送通道；对青藏高原北坡的地形分布、观测站点、观测设备情况、河道径流、山区积雪情况等进行调查和考察，并收集相关科考数据。

3. 野外考察实施情况

1）任务完成情况

根据野外考察计划方案，在中昆仑山成功建立了多要素北斗传输自动站，考察了肖塘陆气通量观测站、大沙垄陆面站、塔中国家基准气象站、昆仑山北麓的叶亦克陆气通量野外站等，实地勘察了沙漠地区的区域性气候差异、不同下垫面的基本气象要素和主要陆面过程参数（地表辐射、能量收支及湍流等）的观测情况。具体任务完成情况如下。

（1）2022 年 8 月 9 日上午 9 点半，科考小组驱车从库尔勒市出发，沿塔里木沙漠公路向南，途中考察了位于塔克拉玛干沙漠北缘的肖塘陆气通量观测站（附图 1）。该站位于沙漠和绿洲的过渡带，由 100m 梯度探测系统、涡动相关观测系统、标准辐射观测系统、土壤要素观测系统和太阳能供电系统组成，能够连续、全自动地对塔克拉玛干沙漠北缘流动沙漠近地层气象要素梯度变化，地表辐射和能量收支，地气间水汽、湍流、二氧化碳和甲烷通量进行监测。该站的运行为推动研究沙漠及其过渡带边界层气象科学理论的发展提供了基础支撑。科考小组一行于当天晚上 8 点到达且末县塔中镇。

附图 1 肖塘陆气通量观测站

(2) 8月10日早7点半，科考小组考察了位于沙漠深处的大沙垄陆面站（附图2）。该站地处沙漠腹地，可提供基本的气象要素及地表辐射等实时数据，为沙漠地区研究提供了宝贵的气象资料。此外，科考小组还前往塔中气象站，参观了塔中国家基准气象站，详细地了解了塔中站的建站历程及业务运行情况。塔克拉玛干沙漠气象国家野外科学观测研究站的建立打破了长期以来沙漠地区观测技术落后、观测数据不足的局面，旨在提供标准化的共享研究网络平台，促进多领域广泛合作，以实现对沙漠沙尘暴、陆气相互作用、边界层、遥感地面验证、沙漠碳汇等前沿问题的综合研究。随后，科考小组驱车沿塔里木沙漠公路继续向南，于下午5点穿越塔克拉玛干沙漠抵达民丰县。途中，科考人员实地考察了位于塔里木沙漠公路出口处的金字塔沙丘地貌，该地貌由昆仑山北坡常年盛行的下山风吹积而成，同时还考察了位于昆仑山北麓的叶亦克陆气通量野外站（附图3），该站海拔2275m，于2018年10月建成使用。该站实现了青藏高原北侧近地层气象要素的梯度变化、地表辐射、能量收支及湍流全自动连续监测。作为塔克拉玛干沙漠气象国家野外科学观测研究站的南缘协同站，该站地理位置特殊，可对沙漠和高原间的相互作用，特别是热力差异对塔克拉玛干沙漠沙尘暴发展的影响，以及沙尘暴影响下的沙尘气溶胶远距离输送提供关键的数据支撑。

附图 2　大沙垄陆面站

附图 3　叶亦克陆气通量野外站

(3)8 月 11 日，科考小组沿 G216 线前往位于昆仑山北坡的独尖山建立多要素北斗传输自动站。早上 9 点，科考小组自民丰县城向东南方向经过若克雅乡、萨勒吾则克乡到达吐郎胡吉河，跨河后沿河逆流而上到达进山口包斯唐，沿昆仑山库牙克大裂谷到达 5026 高地，经红山顶、卧龙岗到达独尖山。下午 2 点左右，科考小组抵达新疆和西藏交界黑石北湖附近，海拔约 5200m。该区域天气多变，局地对流活动较强，多狂风暴雨、暴雪、冰雹，环境极其恶劣（附图4）。技术人员克服了冰雹恶劣天气与高原反应，成功搭建了AWS1600-PRO多要素气象站，并实现了该站点的设备调试和数据回传。该站点采用一体化的国产气象探测设备，填补了该区域在气象观测数据记录上的空白，将为研究高海拔天气过程、气候变化及昆仑山独特降水特征提供珍贵的气象资料。此次建站过程由杭州佐格通信设备有限公司的专业人员提供技术支持（附图5）。

附图4　建站过程遭遇的冰雹天气

附图5　技术人员建站过程

(4)8月12日，科考小组在民丰县气象局召开研讨会，对本次科考活动进行总结（附图6）。会上，民丰县气象局局长向科考小组介绍了新疆和田地区以及民丰县特殊的气候条件，并详细介绍了"沙漠—绿洲—昆仑山—藏北高原"阶梯式观测站点布局的未来规划及当前进展，与会专家们对此给予高度评价，并提出了加密观测和移动观测的构想。专家们指出，建立阶梯式观测站将极大地促进我们认识昆仑山北坡独特的降水特征、复杂下垫面降水，以及气候变化背景下的干湿走向等科学问题，支撑新疆、西藏等西部地区的社会发展和生态保护，并呼吁大家进一步关注西部气候。此外，中国科学院大气物理研究所的陆日宇、周天军研究员与李超凡副研究员对专题二"气候变化与西风－季风协同作用"的当前完成情况及未来工作进行了总结和展望。

附图6　在民丰县气象局进行科考工作的研讨总结

(5)在新疆维吾尔自治区气象局、巴音郭楞蒙古自治州气象局及和田地区气象局的大力支持下，科考小组克服种种困难，提前顺利完成了预定的考察任务。

2)野外考察重大成果

青藏高原北坡的昆仑山和塔克拉玛干沙漠地区是西风－季风协同作用和青藏高原气候水汽能量研究的关键区，也是影响藏东南地区近代气候变异的重要西风环流关键带。近年来,青藏高原地区呈现明显"变暖变湿"的特征,新疆南部地区极端天气气候事件的发生频次也显著增多,追踪这些变化相关的水汽能量演变,揭示变化背后的可能机制及其造成的可能影响正愈加紧迫。

此次科考实地了解了塔克拉玛干沙漠以及昆仑山北坡不同梯度地形地貌、植被覆盖,并在中昆仑山首次建设独尖山多要素自动气象观测站。该站位于昆仑山 216 国道独尖山南站约 10km 的新疆西藏交界处(海拔约 5200m),是迄今为止中昆仑山脉海拔最高的气象站点。该区域天气多变,多狂风暴雨、暴雪、冰雹,环境极其恶劣。该站的成功搭建结束了中昆仑山脉高海拔无气象观测数据的时代,填补了该区域在气象观测数据记录的空白,丰富了观测雨雪分布区域的站点,对于研究高海拔气象要素变化特征、高海拔冰雹形成机理、高原云降水、昆仑山脉降水带、青藏高原西风 – 季风协同作用等具有重要参考意义。此次多要素气象站的搭建与杭州佐格通信设备有限公司合作完成,在温度、湿度、气压、雨量、风速、风向常规六要素观测的基础上,AWS1600-PRO 同时添加紫外线辐射和地温观测。该站采用低功耗设计,同时气象数据信息回传使用北斗数据通信传输,可以实时回传气象监测数据,为保证气象数据安全提供最大防护措施。8 月 13 日 17 时 50 分收到来自该站的第一条实时气象数据:海拔 5200m、温度 5.8℃、湿度 84.0%、气压 542.6hPa、风速 10.8m/s、风向 24°、雨量 0mm、辐射 285.0W/m²、地温 10.2℃。因此,此次科考完成了对昆仑山北坡不同梯度的自动气象站布设的规划,着力填补了高山监测盲区,进一步提高了预报服务精细化水平,并为今后研究该区域的降水和气候变异机理提供了一手数据支撑。